◆幼儿园教师必备丛书·第三辑

幼儿教师
上岗培训读本

张洪梅◎编著

上海科学普及出版社

图书在版编目（ＣＩＰ）数据

幼儿教师上岗培训读本 / 张洪梅编著. -- 上海 ：
上海科学普及出版社，2018.9（2023.12重印）
（幼儿园教师必备丛书. 第三辑）
ISBN 978-7-5427-6886-5

Ⅰ. ①幼… Ⅱ. ①张… Ⅲ. ①幼教人员－师资培训
Ⅳ. ①G615

中国版本图书馆CIP数据核字(2017)第094088号

责任编辑　李　蕾

幼儿园教师必备丛书·第三辑

幼儿教师上岗培训读本

张洪梅　编著

上海科学普及出版社出版发行
（上海中山北路832号　邮政编码200070）
http://www.pspsh.com

各地新华书店经销　山东博雅彩印有限公司印刷
开本787 × 1092　1/16　印张100　字数800 000
2018年9月第1版　2023年12月第3次印刷

ISBN 978-7-5427-6886-5　定价：298.00元（全10册）

前言

幼儿教师工作是世界上伟大也默默无闻的工作。很多幼儿教师一生都将自己的精力奉献给了幼儿教育事业，但是又有几个幼儿能记住自己曾经的启蒙老师呢？很多孩子在生活中提起自己的启蒙老师的时候，总是在歌颂自己的小学老师，但是实际上，给幼儿带来第一次启蒙教育的是幼儿园老师。

幼儿园老师不仅仅要教会孩子们学会基础的认字、舞蹈、歌曲，还要学会礼仪、生活自理。而幼儿最初的人生观、世界观、价值观的建立，也是在幼儿园时代打下基础的。所以幼儿园教师的工作是非常重要的。

本书是一本幼儿园教师教育教学的实操教程，不仅能够帮助幼儿园教师在最短的时间内适应自己的工作岗位，还能在最短的时间内适应幼儿园的工作内容以及岗位职责，学会怎样正确地与家长沟通，怎样和家长一起完成幼儿的家园共育计划。最重要的是，本书通过总结幼儿园教师在教学过程中会遇到的问题，突出重点地讲解，让幼儿园教师都能够快速掌握工作技巧。

虽然这是一本实操性的教程，但是每一个孩子都具有特殊性，所以，老师在处理幼儿个案的时候不要照搬教材，而要将本书中的内容融会贯通，成为自己工作中的行为准则，而不是教条。

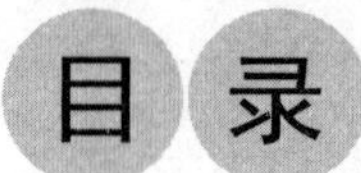

目录

第一章　热爱幼儿教师职业

第二章　适应幼儿教师工作

第三章 适应幼儿园生活

目 录

目录

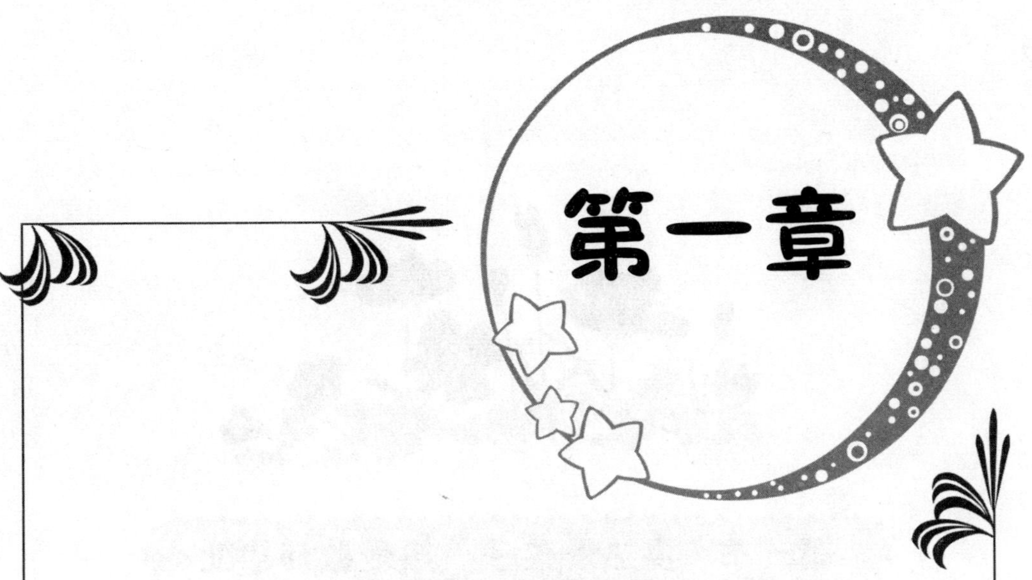

热爱幼儿教师职业

“热爱”是积极工作的原动力。幼儿园教师是一个神圣的职业，只有有足够的爱，才可以获得足够的动力，成为一名合格而优秀的幼儿教师。

第一节　要热爱孩子，热爱教师事业

孩子的内心世界是最纯净的，但也是最容易受到伤害的。幼儿园教师不仅是孩子生活上的“妈妈”，还是孩子心灵上的导师，所以只有老师热爱孩子、热爱教育事业，才能给孩子的成长带来无限的能量。

☆一、没有爱，就没有教育☆

教师的天职是给孩子希望，教育是播种希望的事业。以大爱的心胸去关爱孩子，改变观念。教师对孩子的所有希望都要通过爱的方式来传递，让教育与爱同行。

“教师”是教育事业的直接传播者和执行者，“热爱教师事业”是进行教育的原动力。不爱孩子、不懂得如何施爱于孩子的教师，就不能让孩子健康快乐地成长。热爱孩子，是教师的一种宝贵的职业情感，也是教师必备的道德素质；爱应该与教育同在。

教师对孩子的爱是广义的，是既普通又神圣的超越的爱的诠释。它源于幼儿教师对教育事业的深刻理解和高度的责任感，源于教师对教育对象的深切理解和期望，同时也是教师对孩子情感的释放和表达。可以说，“热爱孩子”是师德的灵魂。教师热爱孩子是教师的教育事业生命的延伸，是教师价值观的具体体现。关爱孩子，也就是关爱自己，是一种生命的表达。

热爱孩子，除了是教师的一种道德素质，还是一种教学能力。

体现了教师道德情操的高尚，是教师心灵的净化与升华，还包括了教师创造爱的环境的能力——让每个孩子处在一个充满爱的环境中，以便感受和模仿。孩子只有在一个充满爱与被爱，充满尊重与被尊重的环境中成长，才能成长为一个具备爱的能力的人。把爱恰到好处地传递给孩子，使孩子在自由自愿的爱的空间里健康成长。

教师热爱孩子，就是倾自己的整颗心而为了教育事业，是良好师生关系的基础。教师充满激情地爱孩子，就能赢得孩子对自己的尊重与爱，从而促使他们乐于接受教导。

☆二、不断发展个人的教育水平☆

幼儿园教师要想不断成长与进步，就要不断借鉴最新的科学教学教育方法。而这种不断提升个人教育水平的行为，也是热爱教育事业的表现。教师要教育孩子，必须先用知识武装好自己，因此要用休息时间积极参加园内的各项业务能力的培训，利用业余时间查阅相关书籍，丰富自己教育孩子的经验。

现在很多幼儿园都提倡多媒体教学，电脑也将成为幼儿园教师丰富自己知识的一个领域。要及时了解幼教事业的动态，了解孩子教育的新趋向。每天耐心地对待每一个孩子，开展好班内的工作。同时要注意的是，家长工作同样非常重要，利用家访、联系册、电话等方式，与家长做好沟通工作。

☆三、明确自己的努力方向☆

教师的教学教育工作要从本班孩子的实际情况出发，设计好主题活动，精心安排好每周计划活动内容，认真组织好每节活动。在活动中，让孩子在实际操作中学习，使孩子真正成为学习的主人，在获得全面、和谐发展的同时也得到个性的发展。

每一次活动的展开过程中，孩子都会受到教育，得到成长。同时也会有一些潜在的矛盾显现出来。这就考验一个老师的观察力与细心程度。幼儿园教师在教学工作中，要努力关心和爱护每一个孩子，关注每一个孩子，让每一个孩子都能健康地成长。在业务上要更努力进取，提高自我的业务水平。要积极思考，不断充实自己，做到边学习边工作，边工作边成长，边成长边收获，努力使自己成为一名让家长安心、让孩子开心的优秀幼儿教师，为幼教事业贡献一份自己的力量。

第二节 做一名遵纪守法的幼儿教师

幼儿园教师的神圣使命是培养孩子和塑造孩子最初的价值观。可以说一个民族的希望是通过教师托起的。整个社会都将教师的工作岗位摆在了道德的至高点上，那是因为教师的道德操守就是整个社会道德操守的基石。教师不但教人以知识，使人从蒙昧到文明，更重要的是教人以德，使人学会如何做一个高尚的人。要培养出高尚的人，教师本身应该具有高尚的情操。如何做一个遵纪守法、道德高尚的人民教师，是每一名教师都应该思考的问题。

☆一、遵纪守法☆

一个幼儿园教师首先是一个国家的公民，要遵守国家的法律法规。教师作为知识传授者，应该学法、知法、守法、用法。幼儿园教师在生活和工作中要讲道理，懂正义，这样才能给孩子起到榜样的力量。教师遵纪守法可以在行为举止上为学生做好表率，帮助幼儿学会控制情绪，通过正确手段解决问题。与此同时，教师法律意识的加强可以维护自己及学生的利益。懂法的老师会更尊重学生，不在言语上攻击学生、不体罚学生。遵纪守法是每个公民的义务，这个义务对传道授业的教师来说更具有示范性和影响力，教师尤其要注意遵守。

☆二、爱岗敬业☆

爱岗就是热爱自己的工作岗位，热爱本职工作。幼儿园教师的工作是很复杂很辛苦的，不仅仅要作为一个知识的传播者，更是照顾孩子生活上饮食起居的人。因此我们要努力培养热爱教师职业的幸福感、荣誉感。幼儿教师是孩子在幼儿园中的依靠，在幼儿园中，老师就是给孩子遮风挡雨的大树，让孩子不受外界伤害。这是一个神圣而光荣的岗位。我们一旦爱上了这个职业，身心就会融合在工作中，就能在这个平凡的岗位上做出不平凡的事业。如果幼儿园教师不能尽职尽责、忠于职守，就会影响幼儿的身心发展，甚至损害到社会的利益。

☆三、热爱孩子☆

如何真正关爱幼儿，每个幼儿教师都有着不同的阐释。但有一句话，曾经震撼了许多教师的心灵:请把孩子当人看。每个孩子，都是有血有肉有感情的人，有着他们的喜怒哀乐，他们渴望得到别人的尊重，获得做人的快乐。学习不是学生的全部，而只是他们生活的一部分。学习只是生存的手段，学习是为他们更好地生存而服务的。

“以学生为本”是现在的教育的核心。平等对待每一个幼儿是老师和孩子以及老师和家长和谐相处的重要前提。能得到老师的尊重与赞美，对孩子来说是极大的精神激励。老师在平时的教学过程中，要及时发现孩子微小的进步并给予及时的表扬，这对

孩子来说将是一天的学习生活中最大的动力。老师要学会倾听，学会理解，学会宽容，学会欣赏，懂得赞美，善于交流，成为孩子成长的伙伴和朋友，成为孩子成长的引导者和鼓励者。甚至有的孩子语言表达能力不强，老师还要成为孩子与外界交流最好的翻译。

第三节 成为心灵充满阳光与爱的幼儿教师

有个小山村，以出产蕨菜盛名，商人们纷纷到这里收购蕨菜，可是渐渐地，再也没有商人踏进那个小山村，致使那里的蕨菜堆积如山，只能白白地烂掉。

有人问那些商人原因，商人说：“因为他们的心灵缺少阳光。”原来按常规，蕨菜从山上采下来后，要摊放在地上晾晒一天，第二天翻个个儿，再晾晒一天，把水分蒸发干。可是当地村民为了多采多卖，不是把蕨菜放在地上晾晒，而是放在炕上，点火加热，这样只用两个小时就烘干了。经过这样加工处理的蕨菜，从外表上看没有什么差别，可是食用时，不管放在水里怎么泡，都像老树根一样，根本咬不动。

村民因为对金钱的贪欲，在蕨菜的生产过程中，省去了两天阳光，其实，这省去的，正是他们心灵的阳光！

一个人如果心灵缺少阳光，那等待他的，也只能是一片黯淡的前景。

村民们心灵缺少阳光，失去的是钱财；那么，教师的心灵如果缺少阳光，影响的将是孩子们的一生，是国家和民族的未来。所以，幼儿园教师要时时刻刻成为一个心里充满阳光和爱的人。

让心灵充满阳光，就是要享受职业的幸福感。幼儿教师是否热爱幼教事业、是否热爱孩子，对自己的职业生涯发展是至关重要的。很多人认为幼教职业是一个最苦最累的职业，如果幼儿园教师对这个职业不够热爱，就不能从这个职业中获得乐趣，那么自己的生活和工作中也将失去阳光。但是，教师这个职业被称作是太阳底下最光辉的职业，每个孩子都是一朵含苞欲放的美丽的花朵，所以要学会享受到教师职业的尊严与幸福，爱它并全身心地投入。

让心灵充满阳光，就是要让孩子体验幸福的教育。幼儿教育作为人类社会的一项智慧和文明的启蒙事业，能够促进孩子的身体、认知、情感等方面的和谐发展，使孩子们能更好地感受并创造幸福，让孩子的心灵也充满阳光，让孩子成长为一个拥有爱人以及被爱的能力。

让心灵充满阳光，就是要保持乐观、积极、阳光的心态。幼儿教师整天与天真的孩子、繁琐的事物打交道，难免会产生枯燥、乏味的情绪。幼儿教师身上拥有什么，孩子就会从教师身上获得什么，这时，需要幼儿教师从这些琐碎的事情中去寻找快乐，塑造自己的乐观积极的心态、阳光心态。

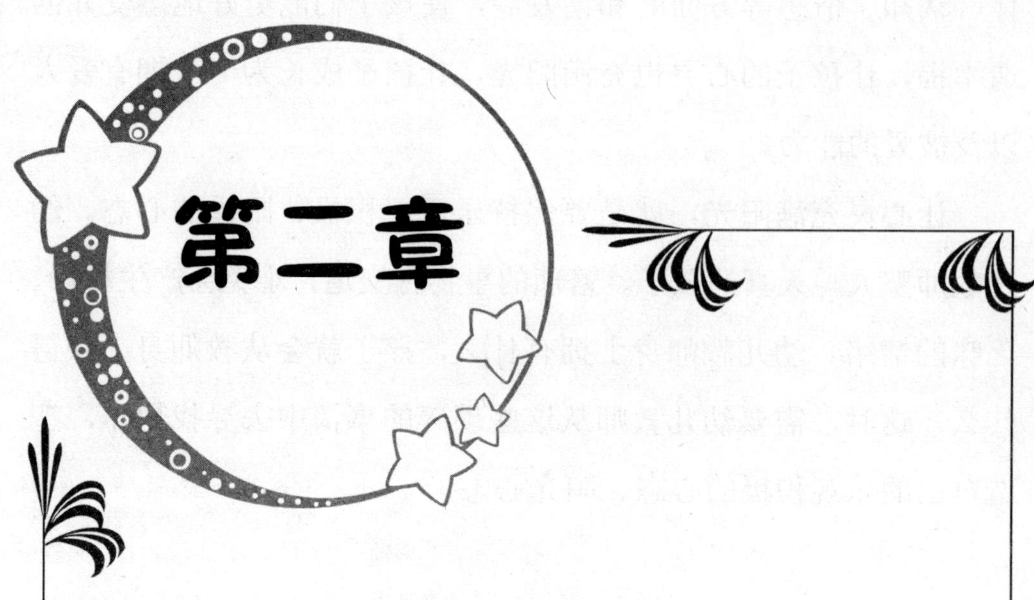

第二章

适应幼儿教师工作

幼儿园教师要能迅速适应幼儿教师的工作，这样才能在促进幼儿学习和身心健康发展的教学中得心应手。

第一节 成为幼儿园的一分子

一个合格的幼儿园老师，对于孩子来说不仅仅是一个老师。更是在游戏过程中的一个好伙伴，是引导孩子成长的“妈妈”和“姐姐”，是要带动孩子成长而不是拔苗助长。所以成为幼儿园的一分子对于幼儿园老师来说是最重要的。

对于孩子来说，幼儿园老师是幼儿园最重要的成员。孩子要适应幼儿园的生活，首先要和老师建立起互相依赖信任的感觉。这是小朋友之间建立起互相友爱的情谊和小朋友爱上幼儿园的心理基础。

让老师快速成为这个集体的一分子，就要先从认可自己的身份做起。身为班主任老师，在孩子们面前的称呼可以是“老师妈

妈”，或者“×× 妈妈”，其他课程的老师可以称为“阿姨、姐姐”。幼儿园的老师需要提前做好心理准备，把自己最好的状态展现在孩子面前。

☆一、会有孩子入园哭闹☆

老师要做好心理准备，新生入园期间一定会有孩子们大面积的哭闹，这时候老师应该提前做好心理准备，在孩子们哭闹的时候，将他们分头带出去散心，不要让孩子们都在一个房间里。因为孩子哭泣以及想家的情绪是会传染的。老师在安慰哭闹宝宝的时候，还要给宝宝定任务，让这个宝宝不哭之后，去学着安慰其他仍在哭的宝宝。

☆二、会有孩子大小便不会自理☆

很多孩子在刚上幼儿园的时候大小便是不能自理的，而且 3 岁以前的孩子是无法靠自己来完全掌控大小便的。所以既然选择

了幼师这个行业，就要做好提前做妈妈的心理准备，随时都要给尿裤子的宝宝换洗干净。

☆三、会有孩子不会自己吃饭☆

现在很多家里都是几个老人一起照顾一个孩子，所以孩子的自理能力比较差。再加上很多家长上班时间紧张会让孩子早早地来幼儿园。这时候小小班的孩子本来就没有掌握吃饭的“本领”，所以在孩子学会自己吃饭之前，老师要负责喂食。需要注意的是，小孩子咀嚼能力比较差，老师在喂饭的时候一定不要心急，以免孩子来不及咀嚼就下咽，影响消化。

☆四、会有孩子不睡午觉☆

很多孩子在刚刚上幼儿园的时候由于对环境不熟悉，难以快速进入睡眠。一些刚刚入园的孩子还会在午睡的时候哭闹，这时候需要老师一一安抚。在宝宝情绪特别激烈的时候，要将哭闹宝宝单独抱出去安抚，当宝宝情绪稳定一些后，可以陪着宝宝一起睡。

☆五、会有孩子不听指挥☆

有的孩子大脑和动作发育水平并不平衡，所以有时候能听见老师的指令，却不知道听到指令后自己应该给出怎样的回应。并不是孩子天生要和老师作对，而是宝宝还没有学会怎样给出一个正确的反应。只要老师有足够的耐心和爱心，就能很快帮助宝宝学会正确听指令，并且学会遵守幼儿园的规则。

☆六、会有孩子不合群☆

现在大多数孩子都是独生子女，平时在家里很少与其他幼儿接触，也不善于交往，尤其是个别性格内向，不爱说话的幼儿，入园后很长一段时间仍难以适应，这就需要老师帮助孩子熟悉幼儿园的环境，创造与其他伙伴接触的机会，引导孩子尽快融入幼儿园的群体生活中。

第二节 进入幼儿教师的工作状态

幼儿教师主要对幼儿进行启蒙教育帮助他们获得有益的学习经验，促进其身心全面和谐发展。幼儿教师在教育过程中的角色决不仅仅是知识的传递者，而且是幼儿学习活动的支持者、合作者、引导者。幼儿园教师要快速进入幼师的工作状态，才能更好地引导和帮助幼儿的学习生活。而要快速进入幼师的工作状态，就要明确自己的工作内容和岗位职责。

☆一、幼儿园教师工作内容☆

幼儿园教师对本班工作全面负责：

1. 幼儿园教师要对本班幼儿的安全负责，严格执行安全制度，防止事故的发生。

2. 依据幼儿园教育工作计划要求，结合本班幼儿的年龄特点和个体差异，制定教育工作目标、计划，并组织实施，做好教育笔记。同时做好家园共育手册的记录，让家长能够及时了解孩子们的生活和学习状态。

3. 指导和配合保育员的工作，管理好幼儿的生活并做好幼儿卫生保健工作。在日常的工作过程中要时刻注意室内的通风，以及让孩子及时喝水。

4. 为幼儿创设良好的物质和精神环境，用美丽的贴图布置孩子的学习环境，发挥环境教育作用。

5. 积极参加业务学习和教研活动，积极进行教改实验的立项与研究。

6. 定期向主管园长汇报工作，并接受其检查与指导。

☆二、幼儿园教师的岗位职责☆

1. 努力做好班级工作，使幼儿在体、智、德、美几方面得到发展。

2. 结合本班幼儿的年龄特点和个体差异，制定班级教育工作计划，并有计划有秩序地组织实施，开展各类教育活动。

3. 观察、分析并记录幼儿发展情况，做好各项活动的记载和效果记录。积累经验，找出差距，研究改进措施，不断提高保教质量。

4. 树立正确的教育观、儿童观，热爱、尊重幼儿，坚持积极正面教育，做到为人师表，禁止任何形式的体罚和变相体罚。

5. 积极参加教育研究活动和业务学习活动，认真备课，写好一周的教育计划、游戏和一日活动计划，不断改进教学形式、方法，科学合理安排幼儿一日生活。

6. 积极创设幼儿教育相适应的良好环境，自制玩教具，给幼儿提供丰富的游戏、操作材料。

7. 严格执行幼儿园安全、卫生保健制度的幼儿一日作息制度。带班时做到“人到、心到、手到”，确保每个孩子的安全。

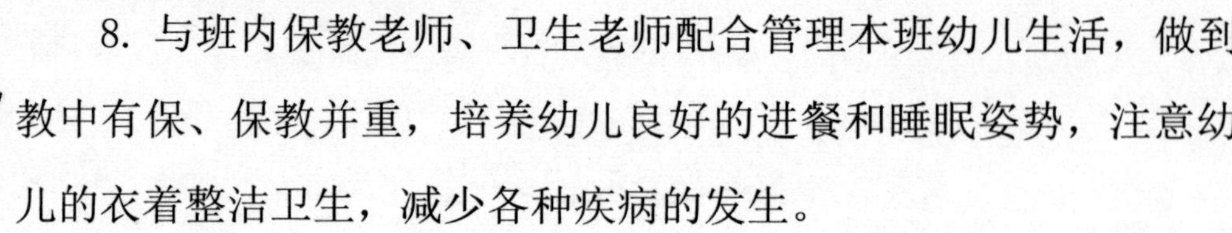

8. 与班内保教老师、卫生老师配合管理本班幼儿生活，做到教中有保、保教并重，培养幼儿良好的进餐和睡眠姿势，注意幼儿的衣着整洁卫生，减少各种疾病的发生。

9. 与家长保持经常联系，了解幼儿家庭教育环境，商讨符合幼儿特点和个体差异的教育措施，有目的有计划地做好家访工作，让家长共同配合完成幼儿的教育任务。

幼儿园的生活是孩子成长生活必不可少的一部分，只有老师明确自己的工作内容和岗位智能，才能快速进入一个幼儿园教师的工作状态，尽自己最大的努力帮助孩子适应幼儿园生活。

第三节 抓住每次学习机会

教师的工作是一个不断学习、不断反思，然后再不断总结经验、不断进步的工作。在工作中不断地学习反思，可以帮助幼儿园教师快速提升自己的工作能力。无论是在班级管理方面还是教育教学水平方面，都要注意不断学习提升。其次，也要注重幼儿在幼儿园里基本功的训练和强化。同时，还能结合幼儿教育《幼儿园教育指导纲要（试行）》精神顺利展开日常教学活动。

有了计划，心中就有了目标，有了目标，就要付诸行动。幼儿园教师要在工作过程中不断努力学习，让自己成为一名更加优秀的幼儿教育工作者。要制定个人成长计划，具体有以下几个方面：

☆一、提高自己的思想☆

幼儿园教师要及时更新自己的教育观念，自觉遵守幼儿园的的规章制度，做好自己的本职工作，加强政治学习，提高自己思想政治觉悟，树立良好的形象，树立科学的儿童观、教育观，使幼儿的身心健康发展，要做一个反思型的老师。

☆二、个人工作方面☆

1. 继续深入学习《幼儿园教育指导纲要（试行）》精神，不断提高自身素质和业务水平，才能更好地对幼儿进行全面培养。认真利用课余时间学习阅读有关资料，不断学习和钻研，理论与实际相结合，使自己不断地成长起来。不是一味照本宣科地教学，而是根据孩子的不同反应给出不同的教学方案。这是因材施教的根本核心。

2. 在教育教学中为幼儿创设轻松、愉快的学习环境，结合主题活动布置环境，与教育相互呼应。认真备好每一堂课，准备好教具，认真上好每一堂课，课后不断反思。

3. 认真、按时地完成幼儿园的教学任务，积极参加园内举行的各项活动。

4. 注重幼儿身心健康，对每一个幼儿都要关注，使他们能够健康、快乐的成长。在常规的培养上，坚持统一的原则和一贯要求的原则，使孩子慢慢地形成一种较自觉的行为。对小部分幼儿出现的不良行为，及时分析原因，该批评的批评，并给予适度的教育，引导幼儿养成良好的行为习惯，在慢慢地让其做到遵守纪律的同时，加强对孩子的文明礼貌的教育，使孩子从小接受文明的熏陶。

5. 为幼儿提供良好的语言环境，坚持用普通话与幼儿交流，鼓励幼儿大胆发表自己的意见，让幼儿变得敢说、想说，以提高幼儿的交往能力和语言表达能力。

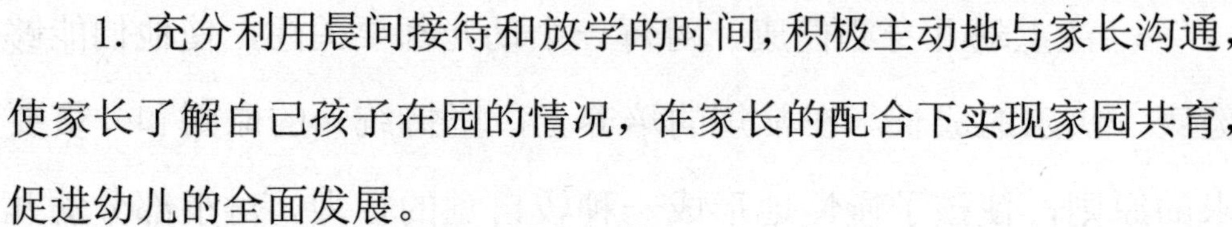

☆三、家园共育方面☆

1. 充分利用晨间接待和放学的时间，积极主动地与家长沟通，使家长了解自己孩子在园的情况，在家长的配合下实现家园共育，促进幼儿的全面发展。

2. 利用家园栏、电话及微信等途径，与家长沟通联系，及时向家长反馈幼儿在园的学习、生活情况。

3. 利用与家长沟通的机会，耐心听取家长合理正确的意见和建议，互相配合共同教育幼儿，使幼儿健康成长。

4. 及时把幼儿在园活动照片上传到幼儿园网站或者家长微信群，让家长能及时了解到孩子在幼儿园的活动表现。

作为一名合格的幼儿园教师，每个人都要根据自己的教学期制定的个人成长计划，要在自己的工作中不断总结经验、反思自己，这样才能让自己进步！要抓住每一次学习的机会提升自己，这种学习的机会不仅仅来自学校组织的深造，还包括科学育儿方面的提升，幼儿心理方面的提升。同时要注重每一个有个案影响力的孩子的全面教学计划实施，并把重点的教学案例及时记录下来。这种工作的总结与反思也是一种学习。

第四节 踏实勤奋地面对工作

作为一个幼儿园教师，不仅仅要面对孩子的教育问题，同时还要照顾孩子们的饮食起居和游戏运动，非常考验一个人的体力。所以，在进入幼儿园教师这个队伍之前，首先要成为一个踏实勤奋的人。

☆一、起早☆

老师是一个需要起早的工作，而幼儿园教师则更加需要。因为很多孩子的家长在送宝宝上幼儿园之后，还要去上班，所以会早早地将孩子送到幼儿园。那么老师一定要确保自己要赶在第一个宝宝入园之前来到幼儿园，做好室内通风的工作，然后以饱满的精神状态迎接宝宝们的到来，要让宝宝时时刻刻看见一个乐观向上的老师，要让宝宝时时刻刻有一个正能量的榜样。

☆二、精力充沛☆

作为一个幼儿园教师，要时时刻刻拥有充沛的精力。因为自己将要面对的是精力格外充沛、充满好奇的宝宝，老师要时时刻刻满足宝宝们探索世界的需求。还要照顾宝宝吃饭，在宝宝午睡的时候还要整理好教室，下班之后要准备教案和教学计划。

☆三、经常组织户外活动☆

户外运动对于幼儿来说十分重要，不仅能够提升宝宝的运动协调能力，还能调动起宝宝探索世界的积极性。但是这样的活动对于老师来说是非常大的考验。因为宝宝们在户外的时候格外分散老师的注意力。作为一个踏实勤奋的幼儿园教师，组织户外活动是非常必要的。而在组织户外活动的过程中，要注意帮助孩子及时增减衣服，还要及时给宝宝喝水。

☆四、经常开展家园共育活动☆

家园共育活动能够增进孩子和家长之间的亲子关系，同时也能让家长更加了解孩子在幼儿园的学习和生活。在举办家园共育活动之前要先准备好与家长联系的活动说明，将需求、目的及所需要准备的道具都和家长说明。这些活动最难的地方在于让每个家长都能够正确认识到家园共育的重要性。因为很多家长都认为

将孩子送到幼儿园是为了减少自己的负担，所以并不愿意参加幼儿园的活动，这时就要考验老师的沟通能力了。

☆五、记录每一个孩子的成长☆

每一个孩子在幼儿园的适应程度都不一样，所以老师要记录每一个孩子的成长细节，关注每一个孩子的小进步，同时也关注每一个孩子的小需求。在细节的地方做到极致是对幼儿园教师的最高的要求。真正合格的老师，不仅仅是关注孩子在幼儿园获得了多少进步，还要真正关心孩子的心理健康。幼儿的心理是非常脆弱很敏感的，有时一句被忽略的问好就足以让孩子失去自信。

第五节 尽快成为成熟的幼儿教师

作为一个幼师，很多事情即使做得很出色，也很难被人发现。因为幼师需要照顾孩子健康快乐成长，本来就是无名英雄。然而并不是所有的家长都能给予足够的理解，而这些心理落差需要自己来填补。要知道，做一个成熟的幼儿教师本来就要面对这样的问题。

☆一、成熟的幼儿教师应该具备的素质☆

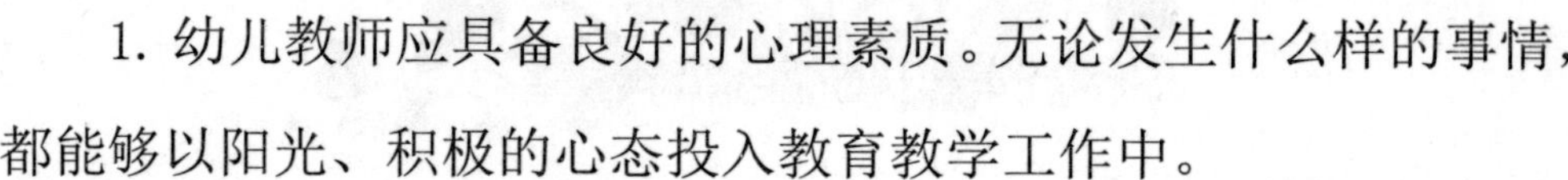

1. 幼儿教师应具备良好的心理素质。无论发生什么样的事情，都能够以阳光、积极的心态投入教育教学工作中。

2. 幼儿教师应具有慈母般的爱心。对于幼儿来说，每一个可以照顾自己饮食起居的人，都像妈妈一样伟大。既然孩子能把全部的信任给予老师，老师也要把自己全部的爱心回报给孩子。

3. 幼儿教师要经常与幼儿沟通。孩子的语言表达能力还有限，有时候幼儿的外在表现并不足以表明幼儿的真正想法，所以需要老师耐心地与孩子沟通。

4. 幼儿教师必须加强自己的理论学习，努力提高自己的专业水平和教学效果。

5. 幼儿教师还必须坚持正确的施教原则，强化教学方法的艺术性，使幼儿在学的过程中得到全面发展，同时也会让孩子在学习的过程中更加快乐。因为幼儿园的孩子学会知识并不是最重要的，最重要的是学会如何快乐成长，如何拥有获得快乐与幸福的能力。

☆二、成熟的幼儿教师要顺应幼儿的个性发展☆

幼儿教师应努力按照幼儿发展的客观规律来教育孩子，力求使孩子在漫长人生的起跑线上得到最优的发展，促进幼儿富有个性的健康发展。

幼儿园教育活动的组织与实施，需要教师具有良好的心理素质。幼儿园教育的组织和实施，是幼儿素质教育和个性全面解放的关键。随着教育管理改革的不断深入，幼儿教师已拥有了发挥创造的空间，这对教师的事业心、责任感、教师思维的灵活性及创造能力都提出了更高的要求。

在幼儿的教育教学过程中，幼儿教师要始终秉承一个原则，那就是教师与幼儿的地位是平等的。教师要尊重每一个幼儿，与幼儿交朋友，了解孩子的性格特征，要用亲切的话语关心喜欢孩子，了解孩子的真正需求。

幼儿只有从教师那里获得了足够的爱，才能得到充满温暖的欢声笑语的感情环境。对于幼儿来说，教师具有的一颗爱心，比教幼儿读书识字、唱歌跳舞更重要，因此教师要把爱心融于各种教育方法之中。

☆三、成熟的幼儿教师要善于沟通☆

沟通是一种相互理解彼此关系的动力，是在双方交流中，彼此互相协调的默契。教师与幼儿有效地沟通，能影响幼儿和老师在一起所感受到的安全感和信任感的程度，能让幼儿知道教师是否关心自己、重视自己。当幼儿处于焦虑不安时，通过沟通更有利于消除孩子的不良情绪，教师可以通过他们的姿态、动作、表情以及说话的语气选择合适的方法和幼儿沟通。

沟通的方法很多，教师的微笑、点头、抚摸、拥抱及说话的话气，比语言更容易表达教师对幼儿的尊重、关心、爱护和肯定。

作为一名成熟的幼儿教师，还必须有善于与学习和反思的能力。在学习化社会里，幼儿园教师的生存也是一个永无止境的不断完善和学习过程。新时代背景下，要求教师要成为研究者，而不单单是知识的传播者。幼儿兴趣爱好广泛，好奇好问，这就要求教师必须迅速回应儿童的需求，及时满足他们的好奇心，维持儿童对周围事物与环境的探知兴趣，引导他们正确认识周围事物。

古人曰：一年之计，莫如树谷；十年之计，莫如树木；百年之计，莫如树人。塑造灵魂这一神圣的历史使命是金钱所无法衡

量的，应该庆幸自己拥有的这份职业。数年之后，那些幼稚的孩子们如桃李一样芬芳的时候将证明这一点。教师的天地虽然狭小，但非常辉煌；教师的日子虽不富裕，但非常充实；教师的心绪虽然凝重，但并不难懂；让青春作证，让岁月诠释，无悔青春，把自己的所有奉献给教育事业。

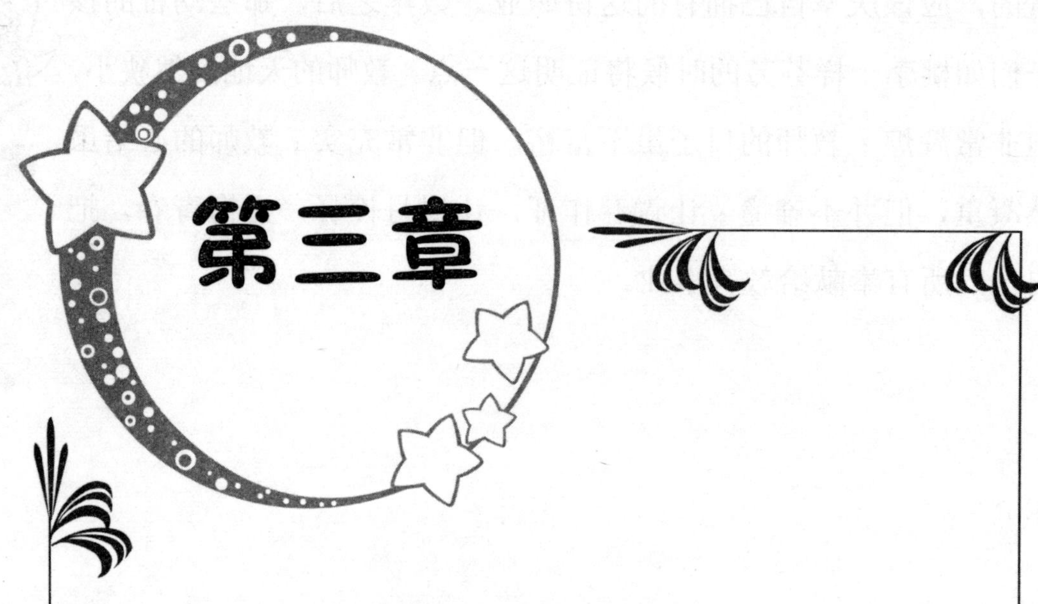

适应幼儿园生活

作为一个优秀的幼儿园教师，要适应幼儿园的生活节奏，适应用孩子的阳光看这个世界，适应理解家长担心孩子的心情。

第一节 做好家长来园接待工作

晨间接待是幼儿园孩子一日活动的重要部分，它关系孩子来园后一整天的情绪反应。它是幼儿园活动的第一个环节，是老师和家长之间联系的一个重要组成部分，也是家园联系的一个窗口。如果教师处理不当，会导致家园衔接断链，也会让孩子在幼儿园生活受到不同程度的影响。

☆一、家长来园接待案例☆

【情景再现】

晨晨是一个很调皮的孩子，喜欢跑来跑去，还很喜欢去抢其他孩子的玩具，经常会将小朋友打哭。吃饭、穿衣等自理能力都比其他的孩子差。他的爸爸妈妈对自己的孩子很关注，也知道自己孩子的不足和调皮，经常对老师询问晨晨的情况。在一次的周一入园时，孩子们陆陆续续地来到了幼儿园，开始自己喜欢的游戏。晨晨在和妈妈依依不舍地说“再见”，老师说：“晨晨早，晨晨妈妈早。晨晨有没有告诉妈妈昨天晨晨很棒的，自己学会了穿衣服。”

晨晨妈妈非常开心：“真的吗？晨晨这么厉害！”

老师说：“今天还要自己穿衣服，吃饭也要吃得很好，老师再给你贴花纸好不好？”晨晨点点头，说：“妈妈，再见！”就这样，晨晨妈妈高高兴兴地离开了，而晨晨的情绪也没有受到妈妈离开的影响。

【分析与反思】

早晨的来园接待是老师和幼儿一天的第一次亲密接触，也是老师和家长作简短接触的机会，幼儿早晨来园时老师首先要与幼儿与家长热情地打招呼，快速回忆起孩子昨天在园中的情况，例如在案例中老师向晨晨询问贴花纸的事情，其实在与孩子对话的时候，家长在很仔细地听着，对于孩子的进步，妈妈听着是很高兴的，也会更加信任老师。

☆二、晨间接待工作的注意事项☆

第一，对来园孩子要关心，并耐心引导孩子的来园以后的活动。如果教师能在晨间见面的最初一刻就让幼儿感受到温暖与关怀，那么就能激发幼儿形成愉悦的情绪，让他们觉得温馨并且有安全感，为幼儿在园一天的生活、学习奠定良好工作的开端。

第二，充分利用这个时间与家长相互沟通。很多家长工作很忙，平时根本没时间与老师交流，只能利用这段时间和老师交流。所以老师可以利用这一机会向家长了解幼儿在家中的情况，并让家长了解幼儿在园中的表现，这样能够更好地做到家园衔接。同时，老师也可以有针对性地宣传正确的教育理念，拉近家园情感距离，并赢得家长的信任和支持。教师展现出良好的师幼关系，让家长增强对老师的信任感，以达到家园合力的最佳效果。

第二节 明确孩子一日生活的主要环节

本章节主要以大班为例子，小班及中班可酌情删减环节。

☆一、寓教于乐的早操活动☆
（7：30—8：00）

活动内容：

1. 在音乐伴奏下，幼儿做走、跑、跳的模仿动作：小鸟飞、小鸭走；开飞机、开火车；小兔跳、青蛙跳。

2. 变换队形走。

3. 听音乐自由做动作。

观察指导：

引导幼儿在优美的音乐声中，快乐地随节奏变化而自由变化动作。

☆二、早饭时间☆

（8：00—8：30）

活动内容：

1. 早饭前背诵《悯农》，让孩子知道粮食来之不易。

2. 早饭前点名，让小朋友互相问好。

3. 每天可以有一个小故事分享。

4. 组织幼儿吃早饭。

5. 组织幼儿将自己的餐具回收。

☆三、生动有趣的教育活动☆

（8：40—9：10）

学习内容：春天的秘密

活动目标：

1. 朗诵诗歌，了解周围环境在春天的变化。

2. 感受诗歌循环反复句式的节奏美。

3. 尝试运用替换的方式的仿编诗歌中的简单句子。

☆四、快乐自主的区角活动☆

(9 : 10—9 : 40)

活动类型、预设内容、预设材料、操作提示

(一)美工区活动

1. 沙画：沙画操作材料、贴纸、水彩笔，让幼儿根据材料、图案操作。

2. 布贴画：各种彩色布、胶水、剪刀、范例，让幼儿根据范例和想象自由制作。

3. 果壳玩具拼画：各种果壳、橡皮泥，让幼儿根据范例和想象制作、捏造。

4. 创意画：鲜花、树叶、胶水、水彩笔、画纸，让幼儿根据提供的材料，创意作画。

(二)表演区活动

1. 故事表演：需要准备的道具有头饰、服装、记录册、节目表等，让幼儿根据故事情节来分角色表演。

2. 歌舞表演：让幼儿跟随音乐自由表演。

3. 幼儿即兴创作表演。

（三）娃娃家活动

1. 编：柳条、桃花、杏花等，让孩子根据材料编手提篮、小漏勺、花环等。

2. 织：针、毛线、剪刀，让孩子用针和线进行简单的编织花样。

（四）语言区活动

1. 故事拼图：让幼儿根据拼出的内容讲故事，发挥孩子自己的想象力。

2. 看图书：根据图书讲故事。这些故事很多孩子已经听过很多遍了，现在要让孩子自己来讲故事，增强孩子的语言表达能力。

3. 编故事：（幼儿作品）根据作品想象编故事。

☆五、生动有趣的教育活动☆

（9：50—10：20）

（一）学习活动

找春天

（二）活动目标

1. 能运用各种感官，有目的地感知春天来了，感知周围环境尤其是动植物的变化。

2. 学习运用各种方式记录和表征自己的观察过程和结果，并能与同伴交流、分享。

☆六、丰富多彩的户外活动☆

（10：30—11：00）

（一）活动内容

1. 集体活动：（1）挑水；（2）走木桩；（3）跳竹竿；（4）走轮胎。

2. 自由活动：花环舞。

（二）观察指导

重点锻炼幼儿的平衡、跳跃能力，从中学会运动，学会关爱，学会合作，学会生活，学会创造。

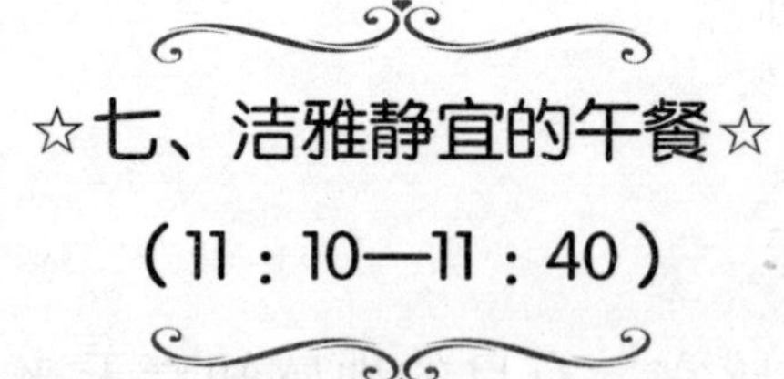

☆七、洁雅静宜的午餐☆

（11：10—11：40）

观察指导：安静用餐，保持干净，养成饭后漱口、擦嘴的好习惯。

☆八、轻松悠然的散步活动☆

（11：40—11：50）

观察指导：到种植区观察各种植物的生长变化。

☆九、温馨适宜的午睡☆

（12：00—14：00）

观察指导：引导幼儿学会整理自己的衣物。

☆十、至关重要的午检☆

（14：10—14：50）

观察指导：观察幼儿情绪及幼儿自主活动的情况。

☆十一、甜蜜可口的水果餐点☆

（15：00—15：30）

观察记录：观察幼儿是否能与同伴分享食物。

☆十二、好玩的户外游戏活动☆

（15：30—16：00）

（一）游戏名称："爱护小树苗"

1. 活动目标：

（1）锻炼幼儿的动作敏捷性。

（2）培养幼儿的合作意识。

2. 活动指导：按要求行动，遵守游戏规则。

（二）自由活动

☆十三、心情愉快的离园活动☆

（16：00—16：20）

观察指导：幼儿是否心情愉悦地离园，并与家长及时沟通孩子在幼儿园中的情况。

第三节 游戏时间与孩子多互动

幼儿园的游戏不仅仅是让孩子玩的时间，老师也可以将很多道理融入其中。所以在游戏时间，老师一定要多和孩子互动，观察并记录孩子们的反应。

☆一、小班游戏时间☆

对于小班的孩子来讲，在游戏过程中是最容易出现问题的。因为小班的孩子情感表达能力较差，动作协调能力也很差。要让孩子用游戏加体育的方式来让度过自己的小班生活，同时也要在游戏中让孩子快乐成长。

（一）活动主题

小火车

（二）活动目标

1. 让孩子们学会排队，懂得排队是中华传统美德，不能推不能挤，要友好对待前后的小朋友。

2. 引导孩子在户外活动，爱上户外运动。

3. 让孩子们喜欢上游戏和运动，并培养孩子团队合作意识，提升孩子之间的亲密度，增进小朋友之间的感情。

（三）活动准备

1. 课件准备，准备一段关于小火车的动画。

2. 引导小朋友们讲出火车的结构及火车运行时的特点。

（四）活动过程

1. 老师讲一下游戏的规则，帮助小朋友按照学号站成一列，

然后让孩子们双手搭在前面小朋友的肩上。

2. 老师开始喊“火车要开动了！”老师可以不断地改变节奏，让孩子们按着自己的节奏来开火车。例如，火车要开快了，火车要开慢了。

3. 孩子们开一会，老师就喊“火车进站了，要停车了。谁要下车？谁要上车？”注意，当老师说“谁要下车”时，就是指目前在玩开火车的小朋友如果不想玩了，则可以离开。当老师说“谁要上车”时，谁要上车，就是指未参加游戏的小朋友，谁想要加入游戏中，则补上去。

4. 让孩子们在开火车的时候，也模仿一下火车的声音，鸣笛声以及哐当声。

（五）活动延伸

可以让小朋友们排成的火车过隧道，过山坡或者是过大桥等。这样，孩子们可以利用身体的灵活性来做各种各样的动作，而且在做动作的过程中，不能让火车断开。

（六）活动总结

对于小班的孩子来讲，这样的游戏是非常有趣的，不仅让孩子们尝试到了集体游戏的乐趣，也能让小朋友们之间形成了亲密的友爱关系，也能让老师更多地了解每一个小朋友的性格和乐趣点。

☆二、中班游戏时间☆

中班的宝宝在情感发育上已经很成熟，可以准确地表达自己的情绪了，所以增强中班孩子的理性逻辑思维能力是比较重要的事情。

（一）活动主题

“时间”是符号认知类的游戏。符号认知能力指的是对数字、字母等符号信息的理解能力，比如理解数字的意义、认识字母或汉字等，都需要这种能力。本单元的游戏活动主要是发展幼儿对时间的理解能力。

在活动中，为幼儿提供了活动钟表和各种钟表小卡片，让幼儿通过游戏学会看钟表，认识时间，理解时间的顺序性和周期性，建立初步的时间概念。同时，通过游戏活动，还有助于幼儿养成遵守时间、合理安排时间的良好习惯。本单元由四部分活动组成。

（二）活动目标

1. 认识钟表上的整点、半点、时刻、分钟。

2. 理解时间的顺序性。

3. 建立初步的时间概念。

4. 了解与时间相关的知识。

（三）材料准备

1. 教具：钟表 1 个、钟表卡片 5 张

2. 幼儿材料：纸质动物钟表（课前参照钟表制作示意图制作好）、小卡片（整点和半点的卡片）24 张。

（四）游戏重点

1. 认识整点和半点。

2. 初步理解时间的顺序性。

（五）老师讲故事

兔妈妈生病了，需要休息，这天中午，兔妈妈吃过药之后，对小白兔说："宝贝，妈妈需要休息一会儿，但是你要在 2 点的时候叫妈妈起床，千万不要让妈妈睡过头了。"小兔子觉得自己能够帮助妈妈，非常自豪。可是这只调皮的小兔子呦，每隔 5 分钟就喊："妈妈，您已经睡了 5 分钟了，现在是 1: 05 啦！""妈妈，您已经睡了 10 分钟了，现在是 1: 10 啦！"……兔妈妈非常无奈，午觉没睡成。小朋友们，虽然小白兔一直在打扰妈妈的休息，但是老师发现小白兔很厉害，她居然会认时间！所以，一会儿老师也来教大家认时间好不好？

（六）活动过程

教师组织幼儿进行与时间和钟表相关的谈话和讨论，引发幼儿的游戏兴趣。

☆三、大班游戏时间☆

幼儿园大班的孩子已经很懂事了，所以在游戏的过程中主要需要观察孩子的个性以及团队意识。

（一）活动主题

冲过封锁线

（二）活动目标

1. 感受爬的乐趣，学习匍匐前进的动作要领。

2. 提高动作的协调性和灵活性。

3. 在活动过程中体验合作活动的快乐。

（三）材料准备

皮筋、地毯积木、沙包（当作粮食）、黑猫警长头饰、小老鼠头饰。

（四）活动过程

孩子们，今天天气很好，我们的心情也很好，我们一起去训练场吧。在训练之前我们先做一下热身运动。

1. 引导幼儿学习匍匐前进的动作。

师：队员们，今天我们要训练的内容是：匍匐前进的动作，

下面我教大家怎样做，大家一定要看好哦！

先卧倒后，屈回右腿伸左手，前胸着地，目视前方，用右脚内侧的蹬力和左手的扒力使身体前移，同时屈回左腿伸右手依次前进。

大家看清楚了吗？下面我们大家一起学习一下吧。（幼儿分两队进行自由训练）

2. 通过游戏巩固幼儿匍匐前进的动作。

老师：刚才大家训练得很累了，我们休息一下吧！

孩子：报告警长，我们的粮食被老鼠偷走了。

老师：什么？粮食被偷走了，走，我们去看看。

孩子：警长，这里有老鼠的脚印。

老师:这是老鼠的脚印，老鼠可能是从这逃走的，这是老鼠洞，我们的粮食肯定在里面，但是，要到老鼠洞，必须冲过这道封锁线，怎么过去呀？

孩子：我们匍匐前进，爬过去。

老师：好，我先冲过去，探探情况。

孩子：警长，小心点。

老师：洞里有两只老鼠，已经被我赶跑了，老鼠把我们的粮食藏在两个洞里，下面我们分两队匍匐前进，去拿回我们的粮食。

注意：必须匍匐前进，一个一个地过。

（五）教学反思

这节课主要让幼儿学习匍匐前进的动作。在上课时，幼儿们对所学内容非常感兴趣，课堂气氛很活跃。教给孩子匍匐动作时，教师先给幼儿做示范动作，在教师讲解动作要领后，要确保大部分幼儿能够掌握要领。

第四节 消除隐患，安全第一

幼儿园的安全教育一直是非常重要的，要让孩子从小就有安全意识，知道在遇到危险的时候如何自救，并增强自我保护意识。

对幼儿进行安全教育，必须根据幼儿的身心发展水平和特点来进行。在教育方法上，老师和家长可采取示范与讲解相结合，以及游戏的方式，从正面引导和随时进行教育，让孩子能够安全度过童年。对孩子进行安全教育，大致包括以下几个方面：

☆一、交通安全教育☆

据有关部门统计，全国交通事故平均每50秒发生一起，平均每2分40秒就会有一个人丧生于车祸。更让人痛心的是，因交通事故死亡的少年儿童人数占全年交通事故死亡人数的10%，且有呈逐年上升的趋势。因此，对孩子进行交通安全教育不容忽视。

交通安全教育主要包括以下几个方面：

1. 了解基本的交通规则，如“红灯停、绿灯行”，行人走人行道，上街走路靠右行，不要在马路上踢球、玩滑板车、奔跑、做游戏，不横穿马路，不在马路上停留和玩耍等。

2. 认识交通标记，如红绿灯、人行横道线等，并且知道这些交通标记的意义和作用。

3. 教育孩子从小要有交通安全意识，养成遵守交通规则的良好习惯。

☆二、消防安全教育☆

对孩子进行消防安全教育，主要包括：

1. 让孩子懂得玩火的危险性。

2. 让孩子掌握简单的自救技能。如教育孩子一旦发生火灾要马上逃离火灾现场，并及时告诉附近的成人。当发生火灾，自己被烟雾包围时，要用防烟口罩或干、湿毛巾捂住口鼻，并立即趴在地上，在烟雾下面匍匐前进。

3. 带孩子参观消防队，看消防队员的演习，请消防队员介绍火灾的形成原因、消防车的作用、灭火器的使用方法及使用时应注意的事项等。

另外，幼儿园可以进行火灾疏散演习，事先确定各班安全疏散的路线，让孩子熟悉幼儿园的各个通道，以便在发生火灾时，能在老师的指挥下统一行动，安全疏散，迅速离开火灾现场。

☆三、饮食卫生安全教育☆

孩子们都爱吃零食，也喜欢将各种东西放入口中，因而容易引发食物中毒。孩子在幼儿园误食有毒有害物质的情况更是多种多样，如园内投放的各种花花绿绿的毒鼠药，因教职工工作失误而误放在饮料瓶中的消毒药水，等等，都可能被孩子误食。因此，在平时要教育孩子不随便捡食和饮用不明物质。另外，目前孩子服用的药大多外观漂亮，口感好，深受孩子“喜欢”，有的孩子甚至误把药品当零食吃。因此，要教育孩子不能随便吃药，如需要服药，一定要按医生的吩咐在家长的指导下服用。

饮食安全教育的另一方面是饮食习惯的培养。如教育孩子在进食热汤或喝开水前必须先吹一吹，以免烫伤；吃鱼时，要把鱼刺挑干净，以免鱼刺卡在喉咙里；进食时不嬉笑打闹，以免食物进入气管，等等。

☆四、防触电，防溺水教育☆

触电是日常生活中比较常见的意外伤害，儿童因触电死亡人数占儿童意外死亡总人数人 10.6%。

对孩子进行防触电教育，要注意以下几点：

1. 要告诉孩子电器、电源的构造，什么地方能动，什么地方不能动，家人不在时不要动电器、电线，更不能随便玩电器。

2. 不拉电线，不用剪刀剪电线，不用小刀刻划电线，不将铁丝等插到电源插座里等等。

3. 要告诉孩子，一旦发生触电事故，不能用手去拉触电的人，而应及时切断电源，或者用干燥的竹竿等不导电的东西挑开电线。

对孩子进行防溺水教育要注意以下几点：

1. 一是要告诉孩子不能私自到河边玩耍。

2. 二是不能将脸闷入水中。

3. 三是不能私自到河里游泳。

4. 四是当同伴失足落水时，要及时就近叫成人来抢救。

☆五、幼儿园玩具安全教育☆

游戏是孩子的天性，玩具是孩子的最爱。孩子在幼儿园的一日生活与活动中，几乎有一半时间是在和玩具打交道。因此，对孩子进行玩具安全教育十分重要。孩子玩不同的玩具，应有不同的安全要求。

玩大型玩具滑梯时，注意以下几点：

1. 前面的孩子还没滑到底及离开时，后面的孩子不能往下滑。

2. 不能穿戴有系带的连帽衫或者长围巾。

3. 不能拿玩具和同伴打闹，更不能抓、咬、打同伴。

4. 不能从太高的地方往下跳，更不能从运动的玩具上往下跳。

5. 在运动或游戏时应听老师的安排，遵守纪律，有序活动，避免互相追打、乱跑碰撞。玩秋千时，要注意坐稳，双手拉紧两边的秋千绳；玩跷跷板时，除了要坐稳，还要双手抓紧扶手；玩中型玩具游戏棍时，不得用玩具去打其他小朋友的身体，特别是头部；玩小型玩具玻璃球时，不能将它们放入口、耳、鼻中，以免造成伤害。

☆六、幼儿生活安全教育☆

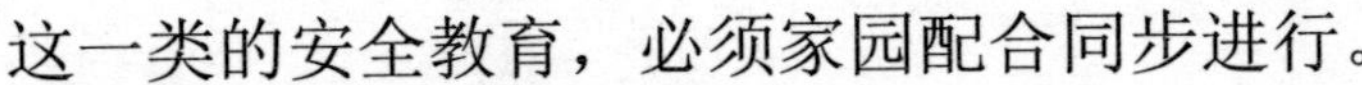

这一类的安全教育，必须家园配合同步进行。

1. 幼儿不可以随身携带锐利的器具，如小剪刀等。

2. 在运动和游戏时要有秩序，不拥挤推撞。

3. 在没有成人看护时，不能从高处往下跳或从低处往上蹦。

4. 不爬树、不爬墙、不爬窗台。

5. 不从楼梯扶手往下滑。

6. 推门时要推门框，不推玻璃，也不能将手放在门缝里。

7. 乘车时不在车上来回走动，手和头不伸出窗外。

8. 上下楼梯要靠右边走，不推挤。

9. 不轻信陌生人的话，未经允许不跟陌生人走，更不要让陌生人碰自己的身体，只有家长、医生、护士才能触摸宝宝的身体，如果有陌生人要这么做，一定要尽快逃开。

10. 幼儿独自在家时，有陌生人叫门时，不随便开门。

11. 不随意开启家中电器，特别是电熨斗、电取暖器等。

12. 不玩弄电线与插座。

13. 在家时不自己反锁门，不玩煤气、炉火、火机、开水壶、饮水机、药品等危险物品。

14. 到公共场所参加游览，外出散步或户外活动时，要远离变压器、建筑工地等危险的地方，打雷闪电时不站在大树底下。

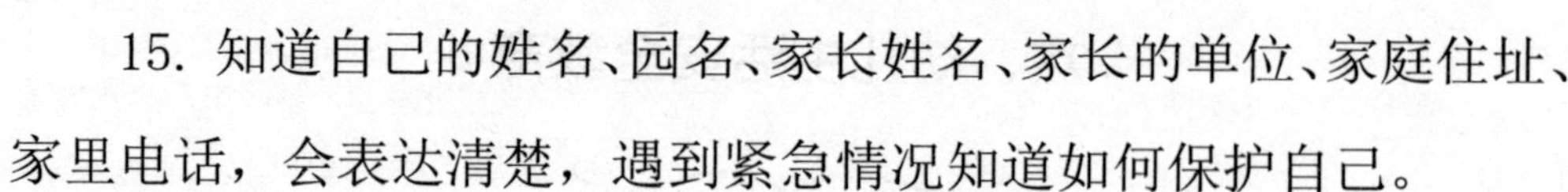

15. 知道自己的姓名、园名、家长姓名、家长的单位、家庭住址、家里电话，会表达清楚，遇到紧急情况知道如何保护自己。

☆七、自然灾害自救教育☆

这一类的安全教育要求学校反复练习，家长反复重申。最近两年的自然灾害呈上升趋势，中国是世界上自然灾害最多的国家，地震、洪水、泥石流、台风、海啸、雷电、浓雾、冰雹都时有发生，孩子应该从小有相关的自救意识。

1. 地震时就近躲避，震后迅速撤离到安全地方，是应急避震较好的办法。

2. 避震应选择室内结实、能掩护身体的物体下（旁）、易于形成三角空间的地方，开间小、有支撑的地方，室处开阔、安全的地方。

3. 洪水到来时，要就近迅速向山坡、高地、楼房、避洪台等地转移，或者立即爬上屋顶、楼房高层、大树、高墙等高的地方暂避。

4. 在雷雨天，人应尽量留在室内，不要外出，关闭门窗，防止球形闪电穿堂入室，尽量不要靠近门窗、炉子、暖气炉等金属的部位，也不要赤脚站在泥地或水泥地上，脚下最好垫有不导电的物品坐在木椅子上，在外不要在孤立的大树、高塔、电线杆下避雨。

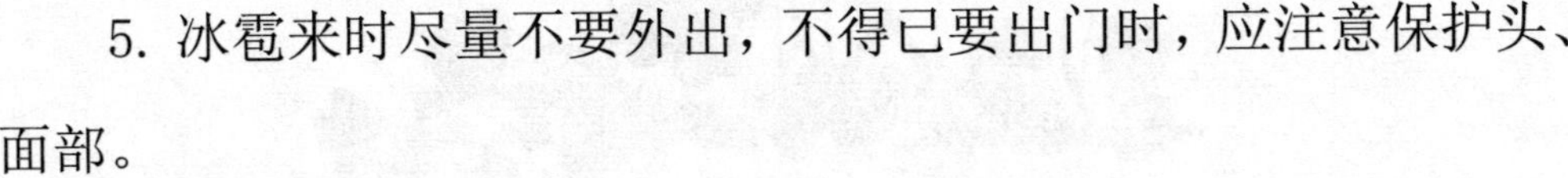

5. 冰雹来时尽量不要外出，不得已要出门时，应注意保护头、面部。

【教学反思】

在幼儿的安全教育中，要让孩子知道报警电话 110，火警电话 119，急救电话 120 等。

孩子的安全教育形式多种多样，但不管采取哪种形式，都必须将安全教育渗透在孩子一日生活的各个环节，要幼儿园和家长共同配合，只有这样，才能真正让孩子树立起安全意识，达到安全教育的目的。不要强制简单地说不让孩子怎样，因为越是不让孩子接触，孩子越是非常好奇。如果一味吓唬孩子，孩子还会不和家长商量而偷偷尝试，这样的结果不是我们可以承受得起的。正确的做法应该告诉孩子利害关系和后果，告诉孩子如果那样做会有什么后果，告诉孩子如果那样做家长有多担心。

第五节 创设良好的班级环境

创设良好的教育环境，促进幼儿心身健康的发展，是幼儿园工作的重要组成部分。《幼儿园工作规程》中明确地把“创设与教育相适应的良好环境”作为幼儿园教育工作的重要原则。同时强调指出“要充分利用周围环境的有利条件，以积极运用感观为原则，灵活地运用集体活动与个别活动的形式，为幼儿提供充分活动的机会”。可见，布置好幼儿园的环境、对于幼儿的成长与发展是十分重要的。

☆一、设置活动角落☆

幼儿教师可以在活动室内为孩子们设置玩具角、美术角、常识角、图书角、自然角等。这些活动角落不仅为孩子们提供了活动机会和空间，同时可以在活动的过程中增长幼儿的知识，开发幼儿的智力，加强幼儿动手动脑的能力。

幼儿园的美工活动是手脑并用、动静交替、寓教于乐的好形式。幼儿在玩中做，玩中学，整个活动生动有趣，丰富多彩，可以使幼儿萌发初步的感受美和表现美的情趣。因此在幼儿园中设置美术角是十分必要的，这是为幼儿提供美工活动的场所。孩子们在绘画、剪贴、折纸、塑造、制做等活动中，观察力、想象力、创造力以及审美能力得到了锻炼和发展。美工活动既可以对幼儿进行形象思维的训练，又可以培养幼儿抽象思维的能力。

为幼儿设置图书角，可以使孩子们通过阅览图书，丰富知识，开发智力。图书角有多种形式，效果比较好的是布袋式图书角。布袋式图书角具有制作简便，不占空间，价格低廉，幼儿取送图书方便，美观大方，富有幼儿情趣等特点用。同时也会节省很多空间，便于家长和幼儿学习。

☆二、布置家园联系专栏☆

家园联系、小红花园地专栏，是幼儿园必不可少的栏园。家园联系专栏是教师与家长之间沟通联系的园地，该专栏可以使家长了解、掌握幼儿园的教学情况，以及幼儿在园内的学习情况，配合教师做好教育工作。教师还要通过家园信箱栏目，向家长介绍一些教育信息、教育子女的方法。家长也可以把自己的意见、见解和要求，通过信箱传递给教师，共同为教育好幼儿做出努力。

☆三、布置小标兵园地☆

幼儿园设置小标兵园地，是为了表扬和鼓励幼儿进步，激发幼儿积极向上的愿望。小标兵代表的内容可以根据幼儿的特点和情况确立，如午睡小标兵、进餐小标兵、学习小标兵、守纪律小标兵、讲卫生小标兵、文明礼貌小标兵等。每个获得小标兵称号的宝宝都可以获得小红花一枚。在周末总评时，就可以比一比，谁的红花最多，谁的进步最大。通过在幼儿园设置小红花园地，使孩子们能够在德智体等多方面得到发展。

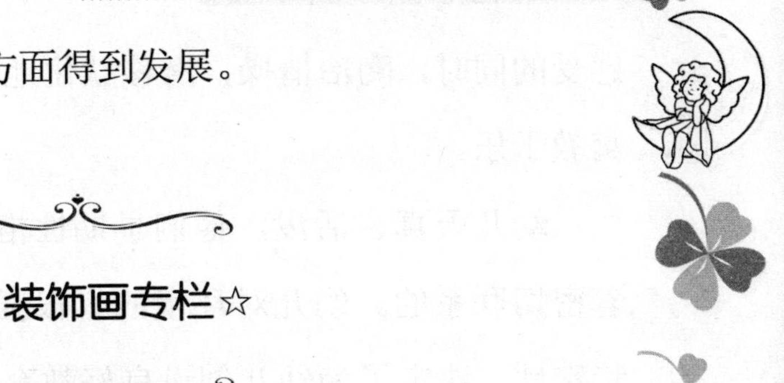

☆四、装饰画专栏☆

在幼儿园设置瓷砖墙面，为师生共同参与装饰、绘画提供了很好的条件，是幼儿园布置环境较为理想的方法。在孩子设计、布置环境的过程中，会使幼儿对自己的生活环境增添一种亲切感，提高了幼儿的主人翁意识。这样不仅可以通过美的环境陶冶幼儿的情操，也可以发展幼儿的动手动脑的能力，提高幼儿的美术技能。如果幼儿园结合主题教育与季节的变化，随时更换幼儿的作品，就潜移默化地对幼儿进行了知识传授。

1. 用各种纸贴画布置幼儿园环境。这里说的各种纸包括吹塑纸、绒纸、旧挂历纸、手工纸和不干胶纸等。这些纸粘贴出的作品，色彩鲜艳，画面生动，具有一定的艺术效果。不干胶纸粘贴的玻璃画，优点很多，最主要的是不怕水，不怕擦，不易损坏，还可以随时更换。

2. 用布贴画装饰、布置幼儿园环境，会给孩子们创造一个新颖别致的良好空间。布贴画是一种比较独特的作画方法，画面材质新颖，色彩十分明快，富有很强的感染力。将不同规格和内容的布贴画分别布置在梯厅和活动室内，可以使孩子们在获得美的

感受的同时，陶冶情操，潜移默化地受到教育，真正是寓理于情，寓教于乐。

幼儿天真、活泼，他们早期性格与习惯的形成，是与环境有着密切联系的。幼儿对环境的有很强的依赖性，幼儿身心发展的特殊性，决定了为幼儿创设良好教育环境的重要性。

幼教工作者对幼儿园的环境进行精心的布置，给幼儿创造了一个可爱、温馨的环境。一个与教育相适应的良好环境，不仅达到了对幼儿心灵塑造、情感陶冶的目的，同时，为幼儿一生的成长与发展打下良好的基础。

第六节 了解本班孩子的基本情况

当幼儿都能适应集体生活的时候，老师需要根据实际情况了解孩子的基本情况。比如幼儿生活自理能力的掌握，是否能自己吃饭、自己脱衣服；幼儿早上进园是否会向老师问好等。

大部分幼儿能够大胆、清楚地表达自己的愿望和请求，喜欢参加体育活动、做游戏。个别幼儿由于在家自由散漫惯了，自控能力较差、卫生习惯也不好，争抢东西现象时有发生。所以在接下来的教学活动中，要从以下几个重点来了解幼儿的基本情况。根据自己的教学需要，老师需要将想要了解的幼儿状况制成表格。

☆一、常规方面☆

幼儿在常规教育、行为能力的重点观察：

1. 观察并锻炼幼儿自己的事情自己做，提高主动性。

2. 观察并让幼儿学会遵守公共秩序，懂得一些基本的礼貌。

3. 观察并让幼儿学会尊重别人、懂得友好相处、互相谦让。

4. 与家长配合，根据幼儿的需要建立科学的生活常规，培养良好的饮食、睡眠、盥洗、排泄等生活习惯和生活自理能力。

☆二、学习方面☆

通过教学实践与观察，设定的大致目标如下：

1. 学习观察周围自然环境和自然现象的明显特征和变化，运用各种感官感知事物。

2. 逐步丰富词汇量，能准确运用词汇表达自己的想法。

3. 学习跟着音乐节奏做动作，愿意大胆地参加艺术活动。

☆三、健康方面☆

1. 在组织一日活动中，记录幼儿每天有没有保证 2 小时的户外活动的时间。

2. 教会幼儿学做早操，观察幼儿是否能跟上音乐将动作连起来。

3. 注重平时的观察，让幼儿在走、跑、跳、平衡等方面有所发展和提高，对幼儿进行阶段性测查，检测幼儿的身体动作发展情况。

☆四、游戏方面☆

1. 开展适合本班幼儿的游戏活动，鼓励幼儿大胆参加自己喜欢的游戏，观察幼儿是否能融入集体活动。

2. 每天开展各种形式的游戏，鼓励幼儿主动、自发地到区角进行游戏，观察孩子是否能遵守游戏规则。

3. 通过游戏教会幼儿与人交往、整理玩具、动手动脑等，使

幼儿的语言能力、社会性发展都得到提高。

4. 坚持区域活动与创造性游戏的正常开展，保证幼儿有充足的时间进行游戏。

☆五、社会交往方面（以小班为例）☆

针对小班幼儿的一些特征，可开展以下活动。

1. 学会遵守日常行为规范，愿意与他人交往，与同伴共同活动，不争抢玩具。

2. 有初步的自我意识，积极参与集体生活和学习，增强独立能力。

3. 学会初步的自我评价和客观的评价别人。

4. 尽量多与大班、中班幼儿联谊，培养他们与不同年龄的孩子相处。

☆六、家长工作方面☆

1. 了解新生幼儿在家情况并及时传达孩子在幼儿园的状况。

2. 对生病幼儿进行电话问候并及时为班级消毒，如果有孩子发生了传染病，要及时通知所有家长。

3. 对个别在园表现特殊的幼儿要及时跟家长沟通。

除此之外，要积极组织幼儿参加幼儿园的各项集体活动，严格遵守幼儿园的各项规章制度，认真学习幼儿组织的各种培训学习，以提高自己各方面的素质。

第四章

开展孩子教育活动

幼儿的教育活动通常都是在愉快的游戏中完成的，只有寓教于乐才能让孩子对学习有兴趣。一味地灌输填鸭式教育，只会让孩子失去对学习的兴趣。

第一节 与孩子快乐融洽地交往

《幼儿园教育指导纲要（试行）》指出："建立和谐的师幼、同伴关系能让幼儿在集体生活中感到温暖、心情愉快。形成安全感、信任感。"因此，幼儿的学习就要在幼儿和教师之间建立一种积极有效的互动，让幼儿和教师在互动中沟通、促进。使幼儿得到健康成长。教师只有与幼儿互相交流，在情感、认识上达成一致，建立互相信任的关系，才能做好各方面的工作。

前苏联教育家霍姆林斯基也说："师幼之间是一种互相有好感、互相尊重的和谐关系，这将有利于教学任务的完成。"由此可见，幼儿教师与孩子快乐融洽的交往，对于幼儿的成长和发展

具有十分重要的意义。那么，幼儿教师如何才能与孩子融洽相处呢？

☆一、热爱、尊重幼儿是融洽交往的前提☆

爱是教育的灵魂，信任是教育的基础。没有和谐的师幼关系，就没有成功的教育。要建立和谐的师幼互动关系，首先必须热爱、尊重幼儿、理解幼儿。在师幼互动中，教师准确把握自己的角色地位，进而采取适当的角色行为是培养和谐的师幼关系的关键。在孩子的心目中，教师和父母是一样的，因此教师和幼儿是零距离的。

1. 教师应时时关注幼儿，把视线保持在和幼儿同一的水平上，成为幼儿的好朋友。倾听幼儿的心声，使幼儿感到平等、感到被尊重。

2. 要让每一个幼儿在师幼互动中健康成长，爱的获得是幼儿健康发展的需要，是孩子精神需求中最珍贵的部分，一个合格的幼儿教师应该满足孩子对爱的需求，时刻关注孩子需求的眼光。这也是让老师和幼儿之间融洽交往的前提。

比如，有的孩子在看见老师在帮助或者哄某一个小朋友的时候，会希望得到老师同样的关注。一次午睡起床时，乐乐不会自己穿鞋，老师看到了，就过去帮助乐乐穿鞋。这时，可可也磨磨蹭蹭地提着鞋过来了，可是可可自己会穿鞋，怎么也让老师帮忙呢？原来，每个孩子都想得到老师特别的关爱，可可同样需要得到心理抚慰。于是，老师望着可可，对旁边的小朋友们说："你们看，可可长大了，已经会穿鞋了，大家要向他学习呀。"听老师这么一说，可可很自豪，很快穿好了自己的鞋。这就是幼儿在寻求老师的关爱。是要老师能够细心观察，了解孩子对爱的渴望，就会让孩子快乐成长，让老师和孩子之间可以融洽相处。

☆二、创设宽松、自由的互动氛围☆

宽松的环境会让幼儿身心放松，可以增加幼儿心理和身体的活动空间。教师和幼儿都应在保持愉快心情的情况下，在相互之间产生积极的互动，以建立一种开放平等和谐温暖的师幼关系。在"平等交往"的过程中，教师要去体察和探明幼儿的兴趣与需要并及时提供支持。只有教师和幼儿都保持愉快心情的情况下，才能在相互之间产生积极的互动。如果始终处于一种强迫、紧张的气氛中，只会产生负面、消极的影响。因为在这种情况下，幼儿根本无法自由表达自己的意见和想法。

在教学过程中，幼儿才是主体地位，教师要做一个观察者、支持者、引导者。教师高控制、高约束，幼儿高服从、高依赖的师幼互动现状，给幼儿营造的是一种处处布有坚固框限的心理与行为空间，不利于幼儿主体性的发挥。例如，在将孩子带到大自然真实的课堂中去寻找春天，感受春天花、草、树木的变化，观察每一片叶子的不同，观察蜜蜂和蝴蝶都是怎样授粉的。当幼儿来到户外草地上看到春天鲜艳的花朵、碧绿的小草、嫩绿的叶子时，与大自然亲近的情感油然而生。当老师允许幼儿自由观察、自由讨论、自主选择时，孩子们探索的积极性会格外高涨，也会主动去思考，同时也会更加热爱学习和探索。面对这样的老师，孩子也会少一分惧怕，多一分亲近。

☆三、注意与幼儿的情感交流☆

情感交流是一种心灵的交汇，人与人之间只有在相互信任、尊重的基础上才会把自己的想法对对方进行表达。进行相互的交流。幼儿与教师之间也是如此。如果教师在幼儿的心目中只是严厉的代名词，那么幼儿就不会向教师表达自己的心声，教师也无法探知幼儿的内心世界。因此，当幼儿在遇到困难时，教师应给予鼓励，让孩子对自己充满信心，并及时给予表扬与肯定，让孩

子品尝到成功的乐趣。

默默是一个文静内向的女孩子，有一次在进行歌表演活动时，所有孩子都认真地参与，只有默默一人低着头，看起来好像有心事。

老师走过去问：“默默，你为什么不和小朋友一起表演呢？”老师的话刚说完，默默一巴掌打在老师的身上。

老师很生气，但并没有说话，只是看着默默。默默显然也被自己的行为吓了一跳，不安地看着老师。

这时，老师轻轻地拉着默默来到另外一间活动室，问：“默默怎么了？为什么不高兴了？”

默默怯怯地看着老师，没有说话。

老师继续说：“你刚才打到老师了，老师很疼的，但我知道默默并不是故意的。那，现在默默可不可以告诉老师为什么事不高兴？老师一定会帮助你的。”

“我不喜欢跳舞。”

“原来是这样，不喜欢跳舞可以告诉老师，不用发脾气，而且老师觉得默默跳得很棒，像一个小仙女一样美。”

在老师的鼓励下，默默进步很大，愿意和同伴们一起跳舞、表演。如果老师在事情发生的时候批评默默，默默会从此敌视老师，并更加讨厌舞蹈。由此可见，积极的情感交流可以让幼儿在爱的滋润下养成自尊、自信、活泼开朗的性格。所以，教师应注意和幼儿进行积极的情感交流，用爱心搭建起教师与幼儿之间的

桥梁，让孩子和老师可以快乐融洽地相处。

☆四、做孩子的好伙伴☆

在幼儿园中，经常会有小朋友在一起聊天，很开心的样子，但是如果老师问：“大家在说什么呢？”孩子会立刻有一种警惕或者以为自己做错事情了。其实这就是老师和幼儿之间没有建立起完全的信任感。幼儿园教师永远都不要做严师，在涉及规则的时候，老师可以严肃，但是大多数时候，老师都是一个慈爱的母亲或者快乐的大朋友的形象，让幼儿体验到幼儿园生活的愉快，形成安全感、信赖感。

老师在和小朋友交往的时候，可以向小朋友寻求帮助，让小朋友帮助自己，这样会快速拉近老师和孩子之间的距离。而且一旦老师向小宝宝寻求帮助，小宝宝会有一种责任感和使命感，也会更加为老师着想。例如，让小朋友帮助老师找出做错的地方，好让老师改过。或者让小朋友帮助老师照顾花花草草，给花朵浇水。如果是大班幼儿，老师还要多听取孩子的意见，征求孩子的意见，让孩子畅所欲言，看看老师有哪些地方做的不够好，让孩子们失望了。只要将这些都说出来，孩子会对老师更加信任。

老师和孩子之间在感情、兴趣、个性、思维、人格等多方面进行交流和互动，使老师和孩子们成了合作的伙伴。孩子们喜欢老师的理由也都不一样，有的是因为老师说话时轻轻的，很温柔；有的是因为老师愿意和他们一起玩……只要孩子们愿意把老师当成自己的大朋友，和老师一起玩，把自己的小秘密和老师一起分享，就会形成是一种和谐融洽的师生关系。

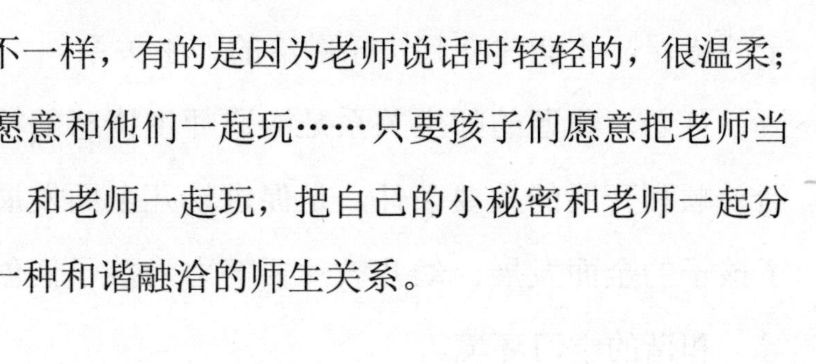

☆五、宽容对待幼儿的错误☆

幼儿具有好动、好奇、好问的特点，他们对一切都充满好奇。他们经常会有各种各样奇怪的问题，也喜欢摸摸这、碰碰那，一不小心就会犯错误。然而越是好动的孩子越聪明。闯祸的孩子并不是坏孩子，这只是孩子在探索世界。如果老师连这种场面都接受不了，那么教育出来的孩子将都是思维被固定住没有创造力的孩子。

孩子的幼儿时期，就是一个不断闯祸来感知世界的时期，孩子就是要在闯祸和解决问题的过程中来明白这个世界的规则以及遇到问题应该怎么解决。如果孩子真的犯了错误，老师应该帮孩子一起分析自己错在哪里了，应该怎么改正，怎样避免以后再犯

同样的错误。遇到闯祸的孩子，用批评和体罚的方式来解决问题是最低级的手段，也是一个不合格老师的表现。只有宽容对待孩子的错误，才能建立起快乐融洽的师生关系。

总之，和谐的师生关系是沟通师生情感的桥梁，是保证教育活动顺利开展的重要条件，是促进幼儿全面发展的支持系统。为了孩子的全面发展，幼儿教师要努力为孩子们创建一个民主、平等、和谐的学习环境。

第二节 做好家长工作是重要一环

很多幼儿园老师和家长之间的关系并不能非常坦诚地沟通，这其中原因有很多。其中有一部分家长是会觉得不好意思，会觉得提太多要求是在给老师添麻烦。但是有的家长则是没有对老师产生足够的信任。其实这些现象都是沟通不及时的表现。如果想要一个和谐发展的家园共育关系，幼儿教师一定要做好家长的工作，及时和家长沟通。下面是家长与教师沟通的两个案例，它向我们展示了家园沟通的必要性和交谈方式的重要性，也充分说明了，如果幼儿园教师的沟通技巧不娴熟，会对本职工作的进展产生多么不利的影响。

☆一、正确的沟通技巧☆

【事件回顾】

洛洛是一个有点内向的小姑娘，最近洛洛摔了一跤，导致膝盖受伤了，所以在幼儿园有剧烈运动的活动时，老师会安排洛洛坐在一边。幼儿园在排练一个集体舞蹈，所有小朋友都参加了，只有洛洛没有参加排练。因为老师怕洛洛的膝盖再次受伤，所以一直安排洛洛坐在一边给大家鼓掌。今天洛洛的妈妈就是要找老师谈一下洛洛跳舞的事情。

老师：欢迎！欢迎！洛洛妈妈请坐到这儿吧。（微笑着用手势示意家长坐下）

洛洛妈妈:你们老师每天要带那么多孩子啊，确实很辛苦啊！

老师一边给洛洛妈妈倒水一边说：辛苦倒是谈不上，这就是我的工作，也是能帮家长分担一些吧。毕竟孩子在幼儿园的时候一般都会比在家里听话一些。大家都是做妈妈的，我知道从小照顾孩子的那种辛苦，更何况你们现在每天还要上班。只不过孩子小，自控能力差，而家长的期望值又那么高，我们的压力大倒是真的！

洛洛妈妈接过茶杯说：谢谢老师！的确，现在的孩子都是独生子女，每个家庭都对孩子都很宠爱。

老师：是的。独生子女存在的问题确实比较多，孩子不仅生活自理能力差，各种习惯也差。家长一边宠爱孩子，一边又对孩子寄予高期望。哎，可怜天下父母心哪！哦，我忘了，您是不是有什么话要对我讲？

洛洛妈妈微笑着说：是的。我家洛洛最近对跳舞的兴趣特别浓厚，每天嚷着要跳舞给我和她爸爸看，她爸爸看她这么感兴趣，就特地给她买了一面大镜子，她对着镜子跳舞，可开心了。

老师:哦？可是,在幼儿园我问她想不想跳舞,她告诉我说“不想”。

洛洛妈妈：洛洛在幼儿园跳舞时会不会跟不上同伴，所以不够自信？

老师：说实在的，洛洛对舞蹈的感受力和表现力确实一般，但是小孩子跳舞，兴趣是最好的老师。现在主要考虑到她最近腿脚不方便，我就让她坐在旁边看。

洛洛妈妈：谢谢您为洛洛想得那么多。我和她爸爸看她在家里那么喜欢跳舞，实在不忍心让她只看着小朋友跳舞了。我们猜想她内心还是喜欢跳舞的，您说是不是？

老师：看来是的。

洛洛妈妈：我想，洛洛可能因为腿不好怕在老师和同伴面前丢脸才说不想跳舞的，她说的可能并不是心里话。

老师：可能是吧。洛洛在幼儿园表现欲得不到满足，就想在家里得到满足，有这种“补偿”心理是很正常的。是我太大意了，我应该考虑到这一点的。对不起，洛洛妈妈，从明天起我就让洛洛“归队”。

洛洛妈妈：谢谢了！再见！

☆二、错误的沟通技巧☆

洛洛妈妈：老师，我可以进来和你谈谈吗？

老师：欢迎！请坐到这儿吧。（老师一边说一边微笑着用手势示意洛洛妈妈坐下。）

洛洛妈妈：您现在很忙是吗？

老师：还可以，有什么话您尽管说好了。

洛洛妈妈：那我就实话实说了。是这样的，老师，你们班是不是每个孩子都参加了舞蹈排练？

老师：是的。

洛洛妈妈：那你怎么就不让我家洛洛跳舞？她回家说，每次跳舞老师都让她坐着。

老师：那是因为最近洛洛的腿脚不方便，我问她是不是不想跳，她说“是的”，我这才让她坐在旁边看的。

洛洛妈妈：你知不知道她每天回家就嚷着要跳舞给我和她爸

爸看，她爸爸看她这么感兴趣还特地买了一面大镜子。这样喜欢跳舞的孩子，你说她在幼儿园不想跳舞，谁相信？

老师:我体谅动作不便的孩子，我尊重孩子的意愿有什么错？(语气加重)

洛洛妈妈：洛洛在家那么喜欢跳舞，你这怎么叫尊重孩子的意愿？（站了起来）

老师：洛洛在家的情况你可以向我反映，完全用不着用这种态度呀!

洛洛妈妈：你这样的态度就好了吗？什么老师！我这就去找园长，如果可以，洛洛最好换个班级!

洛洛妈妈是想告诉教师：洛洛尽管腿不好，舞跳得不好，但还是想参加班级的舞蹈排练。我们从中可以看出，不同的交谈方式，沟通效果截然不同。前者顺利地达到了沟通目的，而后者非但达不到沟通目的，双方的心情也变得十分恶劣。

第一个案例中的洛洛妈妈一直持一种平和、诚恳、理解的态度，从而为顺利解决问题提供了有利条件。第二个案例中的洛洛妈妈则给人不真诚、盛气凌人或想操纵别人的印象。其实家长的情绪是受老师的沟通方法所影响的。例一中老师能够在一开始就找到和家长的共鸣，进而以“大家都是妈妈”为切入点，拉近了教师和家长心里的距离。这样的沟通技巧可以快速消除对方的戒备心理，所以接下来的沟通就比较顺畅。而案例二中的老师在最开始的时候没有在第一时间拉近彼此的距离，导致家长的负面情

绪越来越大，最后发展到无法收场的局面。

同样的事情，同样的地点，不同的人却有截然不同的结果。它告诉我们：交谈方法得当，问题就会迎刃而解或“化干戈为玉帛”；方法不当，只会使问题复杂化。交谈是一种近距离的沟通方式，如果家长和教师能在相互尊重的前提下多沟通、多体谅，共同寻求解决问题的方法，其结果必定是“双赢”的。

第三节 合理安排科学教育活动

幼儿园科学教育活动的设计，是对科学教育活动的各要素，按一定的方式进行编制和处理，从而形成特定的相互关系的过程。它一般分为三个层次：学科领域层次、单元教育活动层次和具体教育活动层次。这里的科学教育活动设计是指具体活动层次的设计，是根据已经拟订的学期、月或周计划对某一具体活动的设计。

☆一、幼儿园科学教育活动的设计要求☆

根据幼儿园科学教育活动的不同需求，活动设计的要求也不一样。

（一）幼儿活动的发展性

幼儿的发展应该是全面的发展，所以促进幼儿的发展是幼儿科学教育活动设计的着眼点。所有的科学活动并不是一成不变的，而是要跟随孩子的成长而不断进步。

（二）幼儿活动的趣味性

通过科学教育活动，可以进一步激发幼儿探索科学的兴趣。所以，设计的着眼点应放在幼儿活动的趣味性上。

（三）幼儿活动的开放性

活动的形式和设计的思考等都应是开放性的。如提问不限于惟一的答案，形式不局限于单一性，还可以延伸到园外、社区等地进行。幼儿时期最忌讳的就是形式单一的固定答案，这样会束缚孩子的思维发展。

（四）幼儿活动的活动性

要使幼儿在科学教育活动中获得快速发展，就要让孩子通过自身的动手、动脑、动口等操作活动来与环境进行互动，主动发现、获得经验。

（五）幼儿活动的整合性

幼儿园的活动是具有整体性的，因为一个完整的活动要有既定的目标，还要有获得的结果，这一切不能分开。在活动过程的设计中，完成活动目标、活动内容和活动形式各自的整合。活动目标中有知识、能力、情感和态度的整合；内容中可有科学内容之间的整合，也可将科学内容和其他领域的内容整合。如“秋天”主题中，还可容纳语言、美术、音乐等方面的内容。

☆二、科学教育活动的教学实操☆

科学教育活动的设计是指教师根据幼儿科学教育的目标，有计划、有目的地选择课题内容，提供相应材料，有步骤地开展幼儿科学探索活动，最终达到教育目标的形式。科学教育活动是面向全体幼儿的。

（一）活动目标的设计

教师要根据幼儿科学教育的成长目标和该年龄阶段应具备的能力目标，结合每次活动内容的具体特点，循序渐进地对幼儿提出全面、恰当的要求，使幼儿在活动结束时能够达到的目标。具体设计时，要注意以下几点：

1．教师的教育活动设计要尊重幼儿的发展水平，以促进幼儿的发展为前提。

2．教育活动设计内容和要求始终和总目标、阶段目标在方向上保持一致。

3．具体内容包括科学知识、科学方法和科学态度三方面。

4．教师在阐述教育活动的时候表述应尽量明确。如在增进孩子的感知能力训练活动中，可以设计以下三项目标：

（1）幼儿通过触摸，发现物体冷热、软硬、光滑粗糙等属性，发展幼儿的触摸觉。

（2）培养幼儿用手感觉物体特性的能力。

（3）激发幼儿探索科学的兴趣，发展和培养幼儿动手实践的能力。

（二）活动过程设计的教学实操

活动过程是为实现教育目标而对教育内容、教育方法的具体展开的运用，是教育活动的核心环节。因此，活动过程的设计与指导是活动的关键。教师要依据活动目标，认真思考整个过程的

各个步骤，尽自己最大的力量让每个孩子都得到充分的发展。

1．活动过程要明确任务，引起幼儿的兴趣。

从活动一开始，老师就应让幼儿明确本活动的任务，并想办法激发幼儿的兴趣，使幼儿在好奇心的驱使下投入到科学探索活动中去。通常可以采用故事或者比赛的形式切入活动。导入的设计可考虑以下几种方法：

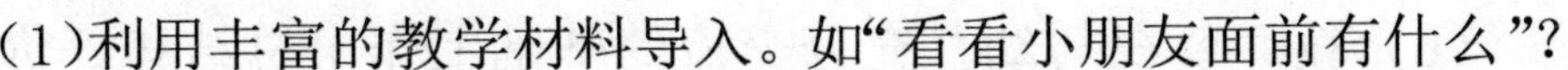

(1)利用丰富的教学材料导入。如“看看小朋友面前有什么”?

(2)利用各种文学作品导入。如用趣味故事、谜语或者儿歌等。

（3）利用情景表演导入。如分角色扮演等。

(4)利用环境设置导入。如走进一间布置好的房屋，问幼儿“看到什么了”。

（5）利用直接指令或提问导入，即开门见山式的导入。如问幼儿“看面前的水仙花”。

2．教育活动的基本活动要求。教育活动的设计要围绕目标，合理充分地发挥材料的作用，有步骤地引导幼儿运用多种感官、多种方法进行感知操作，并学习用各种方式进行表达，使幼儿真正成为活动的主体。

一般说来，正规性科学教育活动基本活动的设计和指导有以下步骤。

（1）教师提出问题，启发幼儿从多角度、使用多种方法，去感知、操作、发现和思考问题。

（2）教师要在活动过程中观察、了解幼儿探索活动的情况。

包括幼儿参与活动的主动性、积极性，倾听幼儿的自言自语和同伴轻声细语，观察幼儿的情绪，是否在等待老师的帮助，等等。

（3）要求和鼓励幼儿积极、勇敢地表达自己的发现。

（4）教师以简短的语言概括幼儿的发现，并再次提出有针对性的问题，启发幼儿在前面探索的基础上再作探索，寻求完整答案。

（5）教师继续观察、了解幼儿情况，并给予幼儿及时的帮助。

（6）教师要在与幼儿充分交流的基础上作出总结和评价，看幼儿参与活动的态度是否积极，探索发现的过程是否善于思考。

3．结束活动要求。由教师运用多种方式在自然状态下结束活动并继续布置任务，让幼儿延伸活动，在自然角、科学发现室、家庭或社区继续探索。因此，结束活动应该是开放式的。还可以指导幼儿一起整理材料，培养幼儿良好的习惯。

（三）幼儿教师的提问设计

教师对幼儿科学探索过程的指导，主要通过设计有质量的问题来实现。教师提问有两种。一是封闭式的，其答案是限定的、惟一的。如“这是什么？”对不对啊？”二是开放式的，没有限定答案。如“你有什么发现？”“你觉得它像什么？”教师应更多地向幼儿提开放式的问题，便于幼儿回忆并联系自己的经验，在经验和自有水平的基础上进行发散性和创造性思维，鼓励幼儿用自己的方法去操作、发现和创造，激发他们的表达欲望。

随着教师提问的步步深入，幼儿也就在无意中逐步深入探索

活动的过程中。

比如：当孩子发现了一片树叶的时候，老师可以问幼儿，“你觉得这片树叶像什么？”或者用代入行的问题问宝宝，比如:“呀，老师发现了一片树叶，长得像一条小鱼，小朋友们快来看一看，能不能发现更有趣的树叶？”

☆三、选择性科学教育活动☆

选择性科学教育活动，是在一个较为宽松和谐的环境下进行的教学活动。在活动过程中，老师要向幼儿提供各种科学活动的设备和丰富多样的材料，引发幼儿的好奇心；在过程中，每个幼儿都按照自己的兴趣和意愿出发，进行科学的探索活动。这种活动一般在自然角和科学发现室内进行。

选择性科学教育活动的设计与指导，重点在于活动目标的设计、活动环境和材料的设置、活动过程的设计与指导等。

（一）活动目标的设计

和正规性科学教育活动的目标设计相同。在选择性科学教育活动的设计时还要注意：

1．根据个别幼儿的个体情况设计具体活动目标。

2．根据上一次正规性活动的结果来设计。譬如，班上有的孩子在主动探索方面能力弱，教师可针对其设计具体目标；上次活动中，由于时间关系，有许多小朋友对科学实验有进一步操作的愿望，就可在选择性活动中具体设计教育目标。

（二）活动环境和材料的设置

创造和提供环境及物质材料是幼儿开展选择性科学教育活动的关键因素。

1．建构科学发现室（科技活动室、科学宫、科学探索室等）对环境和材料（设备）的特点要求具有新奇和趣味性、可探索性和可操作性、教育性和安全性、可观赏性和配合性（如将磁性材料和能磁化与不能磁化的材料放在一起，以供幼儿操作）。

具体提供的材料包括以下几个方面。

（1）探索生物和无生物的材料：动植物的标本，如种子、树叶、花卉、果实、昆虫、鸟兽等等；实物，如各种岩石、矿物、贝壳、纵横切面的树段等。

（2）探索光的材料：放大镜、平面镜、凹透镜、凸透镜、三棱镜、万花筒、调色板、调色盘、颜料、望远镜、显微镜等，以及能在放大镜下观察的各种标本和实物，如昆虫标本、化石、羽毛、头发等。

（3）探索磁和电现象的材料：各种磁铁、能磁化的金属材料、不能磁化的材料、电池、铜丝、电珠、玻璃棒或塑料棒、毛皮以及电筒、小电扇、纸片等可观察产电现象的物品。

（4）探索声的材料:各种打击乐以及弦乐器、发声器和竹声器、敲击用的鼓棒等。

（5）探索力的材料:天平、砝码、石头、玻璃弹子、积木、竹片、乒乓球、羽毛、泡沫塑料等。

（6）探索物质形态及其变化的材料：水、油、牛奶、醋等液体材料；蜡烛、冰块、奶粉、糖、盐等固体材料；不同质地的纸、杯子、吸管、加热器等材料和器皿。

（7）感觉训练的材料和实物：各种质地的纺织品和纸张；各种气味瓶；各种发声罐：如装有砂子、豆子、玻璃球、石块、纸屑等能发出不同音响的罐子，以训练幼儿的听觉。

（8）测量工具：尺、温度计、钟表、磅秤、天平、量杯等。

（9）制作工具和材料:制作工具:锤子、剪刀；制作材料:纸片、纸板、纸盒、木块、木条、竹片、竹条、绒线、绳子、布、草编、泡沫塑料块、浆糊、胶水、针等。

（10）各种图书、画片和匹配小图片，供幼儿阅读、观看和做游戏用。

（11）其他材料、实物和设备:地球仪、草本植物、花卉、水箱、沙箱、吹泡盒、磁铁盘、标本柜、书架等。

2．设置科学桌、科学角

在活动室一角，教师为幼儿安放一张桌子，提供同类或不同

类的可探索材料，让幼儿自主操作。具体材料可参照科学发现室设置清单，根据需要，数量可少可多。

3．设置自然角

教师在幼儿活动室内或活动室门口附近的向阳处设置一个分层架（或桌子，或在窗前柜子上），放上易养的植物和金鱼、乌龟等小动物，也可放置一些贝壳、稻穗等，以体现大自然，使幼儿随时可接近自然，探索自然。

（三）活动的设计与指导

选择性科学教育活动不需要全班统一行动，也无固定步骤。活动过程的设计与指导要表现出以下步骤。

1．合理组织活动，为幼儿提供丰富多样的材料，让幼儿自主选择、探索。

2．当幼儿进入活动室后，教师要向幼儿介绍材料的名称和操作方法，帮助每个幼儿作出选择。

3．幼儿进入探索后，教师要耐心、全面、细致地观察幼儿的活动。若有幼儿遇到困难，不要急于去帮助他，可鼓励幼儿反复探索，努力自己解决问题。

4．对于反应快、操作灵敏的幼儿，可启发其进一步探索；对行动迟缓、怕困难的幼儿，则要鼓励，给予其适时、适度的帮助，以增强其继续探索的信心。

5．鼓励幼儿相互交流、相互合作。

6．整个过程，教师要以热情、平等、尊重的态度对待每一个幼儿，并以探索者的身份参与活动，使幼儿有一个轻松、愉悦、安全的心情参与探索，从而专心致志于活动。

☆四、偶发性科学教育活动设计与指导☆

偶发性科学教育活动，是指在幼儿周围世界中，突然发生的某一自然科学现象、自然物，或有趣、奇特的科技产品和情景，激起幼儿的好奇心，导致幼儿自发投入的一种科学探索活动。

由于这种科学探索是教师事先无法估计到的，带有偶然性，因此，教师不能事先进行设计，但是要以积极的态度去关心、指导。

1．随时关心、观察、发现幼儿的活动。

2．积极热情地支持幼儿的自发性探索活动。

3．正确引导、鼓励幼儿的探索，和幼儿分享探索活动的成果。正规性、选择性和偶发性科学教育活动，是相互联系、相互补充或相互转换的。正规性探索活动内容可延伸到选择性活动中去，选择性和偶发性探索内容，又可能转换成正规性科学教育活动内容，三者有机结合，整体发挥效能，最终实现幼儿园科学教育的目标。

第四节 把孩子当成活动中的"主人"

幼儿教育是培养人的基本素质的教育，"一切为了幼儿"就是一切为了开发和提高幼儿的知识素养、文明礼仪素质，为他们今后的发展奠定最初的基础。《幼儿园教育指导纲要（试行）》提出了"以人为本"的理念，《幼儿园工作规程》也将"遵循幼儿身心发展的规律，符合幼儿的年龄特点，注重个别差异，因人施教，引导幼儿个性健康和谐发展"。这些无不体现了对幼儿的尊重，对每个未来社会的人的关爱，对每一个幼儿应有的权利的重视。区域活动是为不同发展速度、不同认识风格和不同个性的幼儿提供适合各自发展需要的教育活动，是实施个别教育、促进幼儿个体和谐发展与自我完善的有效途径。

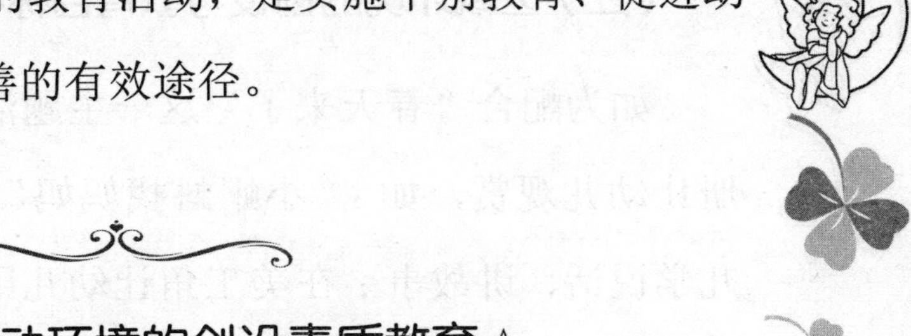

☆一、区域活动环境的创设素质教育☆

区域活动环境的创设素质教育所倡导的是让幼儿主动、活泼地学习，强调的是幼儿在学习与发展中的主体地位，让幼儿成为学习的主人，只有这样，幼儿的潜力和能力才能充分发挥出来。

（一）班级区域的设置

根据幼儿健康、社会性、认知、语言、艺术等方面发展的需要，设立结构角、美工角、娃娃家、理发店、语言角、图书角、音乐表演角等区域。这个创设过程中，以充分尊重、信任幼儿为基点，激发幼儿的主体意识，并让幼儿按照自已喜欢的方式方法创设主区角。根据幼儿的喜爱程度和参与性，换掉几个摆设的区域，调整班级区域，各班形成了富有班级特色的区域。如小班的结构角、动手区、娃娃家等区域设为固定区，其余设为活动区；中班的美工区、数学区，小小舞台；大班的变废为宝、缤纷纸艺、七彩泥塑等等。

（二）区域环境的创设与教育目标相结合

如为配合“春天来了”这一主题活动，在阅读区提供有关画册让幼儿观赏，如：“小蝌蚪找妈妈”等，提供剪贴的图片让幼儿学说话、讲故事；在美工角让幼儿用拓印等方法表现春天的花朵、蝴蝶等；在“欢乐剧场”中进行装扮表演，多方位地为主题活动服务。小班幼儿喜欢模仿成人的一些行为，而在科学探索方面，由于受能力和认知水平的限制，存在一定的困难。因此小班的区域活动以培养幼儿情感为主，多设立一些情节性的区域活动。在小班开设“娃娃家”“医院”“托儿所”等区域，穿插少量的认知区域活动，如“图形宝宝”“好玩的玩具”等。中班的幼儿对于情节性游戏仍然保持较高的兴趣，对科学探索活动产生兴趣。因此中班保留一些情节性区域活动，增加一些操作性区域活动，如在“社区服务站”“星星小邮局”等情节性活动基础上，增加“音乐王国”“五彩的泡泡”等区域。大班的幼儿对什么都充满好奇，具备一定的动手操作能力，同时，对于情节性游戏仍十分感兴趣，大班以操作性区域活动和实地性区域活动为主，如“陀螺”“我和影子做游戏”“各种各样的纸”为主题的活动。在这些活动中，由于找对了幼儿兴趣点，幼儿参与活动的积极性比较高。

（三）区域环境的创设与环境相结合

在创设活动区环境中，还要注意赋予环境一定的自治因素，发挥环境的暗示、引导作用，规范、协调和控制幼儿行为。如图书角放置剪刀、玻璃胶、糨糊，暗示和引导幼儿爱护图书，尝试修补损坏的图书；“医院”的墙壁上布置几个孩子排队挂号、看病和拿药的情景，暗示“医院”的就诊步骤及规则等。此外，还可充分发挥孩子的主动性、创造性，鼓励他们积极参与活动区环境的创设，成为活动的主人。如角色区中的材料大多是幼儿家中带来或用废旧材料自制的；活动区的标记让孩子按顺序自行调换；新区域的产生、角色的确定、分配、游戏的开展，都注意让幼儿参与。所以，幼儿的自主性、自理自治能力和主动协调关系的能力在活动中得到了较全面的发展。

☆二、区域材料的投放☆

（一）材料的摆放

在材料的投放上，选择丰富性、可塑性、层次性明显的材料。如：“我和动物是朋友”这一区域投放了有关动物的画册、图片、玩具、我和动物在一起的照片、各种幼儿喜爱又方便饲养的小动物、观察记录本。其次，丰富性还体现在材料数量比较充足，能够满足幼儿自由选择的需要，能够让幼儿在操作中按照自己的意愿和需要在充裕的材料中进行挑选，以保证幼儿的操作活动顺利

进行。选配一些成品、半成品、废旧物品，使投放的操作材料具有可塑性。可塑性，即一物能多用，具有可替代性和可发展性，能够适应幼儿不断提出新的要求和新的挑战，使幼儿在活动中能够有所发现、有所进步、有所提高。材料投放的可塑性，还体现在这些材料既能够随着幼儿操作探索过程的发展而发生变化，又能够起到帮助幼儿经过不断尝试，逐渐积累各种经验和能力，积极构建新的认知结构，使静态的材料能伴随活动的开展而具有动态的功用。如："小小舞台"这一活动区域，一些废旧的绸缎、彩纱转眼之间成了孩子们的时装；蛋糕盒、食品罐成了孩子们的爵士鼓。材料投放的层次性，首先是指选择、投放的操作材料不是一成不变的，应跟随幼儿活动的开展，由浅入深、从易到难不断地充实和更换材料，使材料不断满足幼儿发展的需要。其次，在同一活动区域里，教师提供的材料应考虑到幼儿本身的能力不同，使活动材料细化，提供难度不一的材料以满足不同发展水平幼儿的活动需要，使每个幼儿都能获得成功。如，小班的"给小动物喂食"区域活动，可提供赤豆、花生米、蚕豆、水饺等大小不一的物品，勺子、夹子、筷子等使用难度不同的工具，通过这些材料来逐步增加动作的难度，提高操作水平在幼儿活动时，给予他们必要的提示和引导，使幼儿在选择材料，进行操作摆弄时，能够按自己的能力，选择适宜自己的材料，用自己的方法，较快地进入探索，逐渐地达成目标。

（二）区域活动目标

对区域活动目标我们实行“下能保底，上不封顶”的原则，让幼儿在与材料的“互动”中积累各种经验。例如：学习按颜色分类时，为能力弱的幼儿提供相同形状的红、黄、蓝小图形，材料简单清楚，幼儿容易操作；给能力强的幼儿提供了四种以上不同形状的材料，幼儿可以进行较复杂的区分、排序。在材料的投放上遵循由易到难，循序渐进的原则。如在美工角，刚进行涂色时，提供的是苹果的涂色，然后是香蕉的涂色，最后是葡萄的涂色，涂色面积由大变小，难度逐渐增强。刚开始接触水粉时，先提供水粉颜料供幼儿印章画时使用，再组织幼儿进行指点画，最后才提供排笔进行绘画。

☆三、区域活动中教师角色☆

陶行知先生在《创造的儿童教育》一文中对教师的角色作了如下定位：“把我们摆在儿童队伍里，成为孩子中的一员，不是敷衍的，不是假冒的，而是要真诚的，在情感方面和小孩站在一条战线上，变成孩子，与孩子共享欢乐……”这就要求我们教师真正融入孩子的活动中。

幼儿开展区域活动时，教师应作为幼儿的活动伙伴，以平等

的身份参与活动过程，与幼儿共同探索操作，相互交流，共同遵守活动规则，使幼儿产生愉快的情感体验，形成积极的自我意识，更有益于激活幼儿的思维，激发主体积极的创造性行为。

例如：在平时的活动中，老师发现苗苗对探索区域的“找瓶盖”活动很感兴趣，常常对着几个瓶盖再三摆弄。为此，老师找来了许多大小不同的瓶盖。开始，她对着满筐的瓶盖不知所措，直到有一天，在活动中，她跑来告诉老师说：“你看，我盖好了，大的盖在大瓶上，小的盖在小瓶上。”看着她欣喜若狂的样子，老师知道她已经通过观察思考探出了其中的奥妙，老师适时地表扬了她，并让她看看这些瓶盖颜色是否相同。经过老师的启发，她知道了还可以从颜色上找到瓶和盖的结合。从此以后，什么样的盖子在她手中都能找倒好朋友。

又如：鹏鹏平时做事情总是以自我为中心，举止有些粗野，不能与同伴友好相处，在角色游戏中，老师建议他担当“餐厅”服务员，结果他的服务引起了“顾客”的不满，经老师与同伴的反复引导，他对待“顾客”的态度终于有了转变，赢得了大家的称赞，在平日与大家的交往中，他也变得能与同伴友好相处了。

又如：然然平时不爱说话，一遇到有人带来有关动物的图书，他就会去看并问一些问题，这说明他对动物颇感兴趣。于是，老师找来了大量有关动物的资料、图片让他观察，使他了解到动物的许多种类、生活习性等。一段时间下来，他就像一个小小的动物学家，哪个小朋友在动物方面有了疑问总会去问他。总之，在区域活动中，通过教师适时的引导，每个幼儿都能找到自己的“用武之地”，个个都显得那么自信。

在区域活动中，教师应将教育藏而不见，与幼儿亦师亦友，与他们平等相处。当发现幼儿独立活动产生困难时，应给予适当的帮助，协助幼儿实现自己的构想，并使幼儿在原有的水平上有所提高。只有这样，才能给幼儿更大的空间，在自由的气氛中达到学习的目的。

在愈来愈强调主体性教育和个性化教育的今天，区域活动在幼儿园的教育教学中日显其重要性和必要性，真正意义上的区域活动促使幼儿成为主动学习者，并使每一个幼儿在已有经验，原有水平上有不同程度地成长。要培养幼儿个性和谐发展，必须要为幼儿提供宽松的施展空间，而区域活动正是如此，它能让幼儿自主地用自己的方式表达自己的感受、情感、想法、意愿，做学习的主人、生活的主人、社会的主人。幼儿需要一个开放、温暖、和谐、宽松的学习环境，教师也需要一个开放、温暖、和谐、宽松的工作环境。总之，教师是在做的探索过程中提高自己的专业能力的。

第五节 引导孩子积极参与活动

幼儿教育是人生的启蒙教育时期。一个人幼儿时期良好的个性、社会性和情感性的全面发展，对其一生的成长和整个社会的进步，都具有深远的影响。随着社会的进一步开放，多元文化态势的进一步发展，个体参与活动的积极性将越来越重要，因此，如何引导幼儿积极地参与活动，使其主动、活泼、健康地全面发展，已成为幼儿教育的重要课题。

现在有的孩子在幼儿园总是没有精神，做事拖拉，纪律松散，上课总是坐得歪歪的，眼睛在东张西望，参与活动的积极性不高。那么教师在活动中如何发挥主导作用，引导幼儿主动、积极地参

与活动呢？教师应从以下几个方面去激发幼儿参与活动的积极性，促进其主动发展。

☆一、创设适合幼儿积极、主动学习的良好环境。☆

要引导幼儿积极、主动学习，大胆创造，教师必须善于帮助幼儿创设适宜幼儿积极、主动学习的良好环境。

（一）鼓励幼儿参与创设与活动相适应的环境

幼儿是环境的主体，而环境对幼儿来说，是一个主动学习的过程，因此，创设环境更应该重视孩子的参与。例如:在开展“动物，我们的朋友”主题活动时，孩子们把自己收集到的有关动物、动物的家、动物的爸爸妈妈等图片分门别类整理后，在主题墙上逐步展示出来，让人仿佛置身于动物世界之中。在布置过程中，孩子们主动和老师一起收集有关动物的各种资料，以及创设环境所需的各种材料，通过剪、贴、粘、拼、画等形式进行装饰加工，丰富到墙面上，使教室变成了一个动物世界。每到休息时，他们就围到墙边津津乐道地相互谈论，评说着有关动物的各种话题，在相互交流中，加深了对动物的认识和了解。由此可见，鼓励幼儿参与环境的创设不仅满足了孩子表现自己的欲望，同时也促进

了幼儿积极、主动的学习。

（二）利用有限空间，创设学习环境

《幼儿园教育指导纲要（试行）》中指出："幼儿园的空间、设施、活动材料，应有利于引发、支持幼儿游戏和各种探索活动，有利于引发、支持幼儿与环境之间积极的相互作用。"环境也是幼儿的教师，它能让幼儿获得经验，建构自信，发展自我。因此，在活动室内应设置一些开放的游戏区域，为幼儿提供积极参与活动的条件和机会。

（三）教学实操

1. 在科学区内布置。为幼儿准备各种水彩颜料，让幼儿通过颜色的调配实验，探索颜色变化的奥秘，激发幼儿对科学的兴趣和参与活动的积极性。

2. 手工区内，为幼儿提供各种未成形的半成品玩具及自然材料，提高幼儿的动手操作能力，调动幼儿游戏的积极性、主动性、创造性。

3. 语言区内，准备各种各样的图书，提高幼儿阅读的积极性。

4. 建筑区内，准备各种积木、瓶罐、毛竹罐、纸盒等，幼儿通过自己搭、插积木来反映客观事物，发展空间知觉能力。在设置这些环境时，还要注意满足不同幼儿的发展需要，使每个幼儿都能在适宜的环境中主动获得发展。

还可以利用自然材料，创造区域活动特色。幼儿每天的活动

需要大量的操作材料，周边大自然的一草一木都能成为他们可利用的资源。大自然中有着取之不尽、用之不竭的天然游戏材料。随着四季更换，经常有不同的、新鲜的材料投放在活动区中，如春天的野花、野草、各种树叶；夏天的水果、蔬菜；秋天的种子、果实、昆虫等等，这些大自然丰富的活材料不仅激发了孩子们参与区域活动的积极性，而且可以节省大量的资金，还能让幼儿园的工作独具特色，可谓一举多得。

另外，在活动室外的地面、操场、走道上绘一些几何图形和数字等，供幼儿跳跃、数数、计算练习，随时随地给幼儿提供信息的刺激，为幼儿主动地参与活动提供前提。如：在走道上画两幢房子，一幢房子写上数字，让幼儿一边跳，一边数数；另一幢房子写上数的组成，两脚并拢跳是 3，分开跳是 1 和 2 等，幼儿通过游戏，既锻炼了身体，又掌握了数数和组成，而且他们是在游戏中掌握知识，参与的积极性很高。

☆ 二、引导幼儿积极参与活动☆

幼儿的天性都是活泼好动的，只有全身心投入活动，才能获得更多的快乐与成长。所以老师要积极引导孩子参与互动，并在

活动中让孩子体验成长的快乐。

（一）鼓励幼儿自己观察

幼儿天生活泼、好动，好奇心强。所以，每一活动的设计都考虑到适合幼儿年龄特点，采用游戏活动的方式，培养幼儿学习的积极性。例如：在“物体的沉浮”科学活动中，可以发给幼儿许多材料，如木块、海绵、铁钉、石头、塑料积木等等，让孩子自己玩，自己去探索什么样的材质可以漂浮在水面上。这样孩子的积极性会非常高。

许多孩子也会为自己的发现兴奋不已，积极地把自己的发现告诉老师或其他伙伴。这时候，老师就可以顺势提问：“小朋友，你们发现了什么？”大多数孩子们会发现“有的东西躺在水面上，有的东西在水底”。也有一部分孩子会抓住规律：木块、塑料积木都很轻，是浮在水面上的，铁钉、石头都很重，是沉在水底的。而海绵是先浮在水面后沉入水底的。这时，老师要对孩子的发现给予充分的肯定，让孩子在活动中感受到发现的乐趣。在这轻松、愉快的活动中，孩子们会越学越想学，越学越主动，学习的积极性越来越高。

当然，孩子也会有很多很多的问题要问，老师需要将科学知识浅显地讲给孩子听。比如孩子会问，为什么木头会漂在水面上，铁块会沉在水底？老师可以这样回答：这两块大小相同的木头和铁块，大家看一看有什么区别？是不是铁块更重一些？那是因为世界上所有物品，都是由很小很小的看不见的小分子组成的，木块和铁块也是。在木块中，小分子居住得非常分散，所以，一个小木房子里的分子就比较少，体重就会轻一些。组成铁块的小分子之间空隙特别小，所以铁块中的小分子就特别多，体重就会重一些。而小分子居住的紧密程度，我们叫称之为“密度”。

（二）鼓励幼儿尝试创造

《幼儿园教育指导纲要（试行）》中多处提道：“让每一个幼儿都有机会参与尝试，要支持、鼓励幼儿大胆探索与表达。”这充分表明了幼儿是学习的主体，在学习活动中，教师对幼儿的主体性活动应给以尊重和保护。

例如：科学活动“站住别倒下”中，可以给幼儿准备能站住和不能站住的物品，如:盒子、水瓶、笔、珠子、纸、羽毛、书等，还可以准备辅助站立的物品，如橡皮泥、积木等。先让幼儿区分哪些东西容易站住，哪些东西不容易站住，然后引导幼儿尝试让那些不容易站住的东西站住。孩子们在快乐自由的氛围中，很快就能发现让物品站住的不同的方法：可以把吸管插在瓶子里或橡皮泥上，可以用积木夹住；还可以将纸对折，折口朝下放，多次折叠等。

老师对孩子们大胆尝试与探索的精神给予热情鼓励，使孩子们情绪振奋。其间，老师要有目的地进行个别辅导，尽力使所有的孩子都尝试成功。这样，不同水平的孩子面对老师设计的尝试

目标，必然全心投入，并从中获得自我成功的满足和喜悦，进而形成新的学习动机和愿望。

（三）适当指点，让幼儿重获信心

幼儿在学习中遇到困难、困惑时，就会失去对学习的兴趣。教师要及时给予点拨，为幼儿扫清参与学习的障碍。“点拨”不是传统的讲授，而是要注重启发式，在幼儿踮着脚且够不着的情况下，教师给予点拨。

比如讲故事：有一只小猴子，想要吃挂在墙上的香蕉，小猴子本来是会爬树的，可是墙上光溜溜的根本没办法爬上去，怎么办呢？这时候小猴子想到了一个办法，它拿来一个小花篮扣在地上，站在小花篮上，伸伸手，就拿到了香蕉。

小猴子真聪明，那么小朋友们都能想到什么方法呢？

如果是在手工制作过程幼儿有了困难，比如用胶水来固定卡片背后的吸管，乐乐几次都没固定成功，开始表现出极度的焦虑，失去了学习的兴趣。这时，老师对她说：“我们平时除了用胶水来粘贴固定，还有哪些东西也可以用来粘贴固定的？”经老师的启发，乐乐去找来了双面胶、透明胶，通过尝试，解决了难题，获得了成功。教师的适时介入，给予点拨，又一次引发乐乐继续学习的兴趣。

（四）激活幼儿学习的积极性

在活动中，教师可运用语言创设情境，启发幼儿想象与创造，

使幼儿参与活动的热情推向新的高潮。

如：绘画“小乌龟”活动中，当小朋友画了一只小乌龟后，老师就提出有趣的启发性的问题。

“大家画的乌龟已经走到了什么地方了？

前面是小河还是森林？

这一天是晴天还是下雨天？

它在一路上碰到了谁，有哪些小动物？

你们觉得这只可爱的小乌龟应该是什么颜色呢？”

幼儿在这些语言的启发下，思维得到拓展，出现了绘画创作的高潮：“我现在要画蜗牛了，乌龟在路上碰到了小蜗牛。”

“我画的是森林，那儿有树、有花，小鸟、蝴蝶都来了。”

“我画的是七彩颜色的小乌龟去找小兔子玩呢。”

幼儿边说边画，想象的空间完全打开了，会感到非常快乐。

☆三、引导幼儿积极参与体育活动☆

《幼儿园教育指导纲要（试行）》中指出，培养幼儿对体育活动的兴趣是幼儿园体育的重要目标，要根据幼儿的特点组织生动有趣、形式多样的体育活动，吸引幼儿主动参与。那么如何激发幼儿参与体育活动的积极性，让幼儿主动参与体育活动呢？可以将身体练习富于游戏色彩，用游戏可以激发幼儿参与的积极性。

游戏是幼儿的基本活动，游戏有益于幼儿的身心发展。陈鹤琴先生指出："要发展儿童活泼的精神，非让儿童游戏不可，游戏就是儿童的生活。"阐述了游戏对幼儿发展的重要性，也决定了利用游戏激发幼儿参与体育活动的积极性和可行性。如：在"扔小球"体育活动中，让幼儿将手中的小球扔出去，比远近；或者将球抛出去，用手接住；打雪仗、投准等。运用多种游戏方法，吸引幼儿主动参与，有效激发幼儿参与体育活动的积极性。在参与体育活动的过程中，幼儿不但体能得到了训练，而且那些性格内向、孤僻、离群的幼儿也会变得开朗，快速融入集体活动，胆小的孩子会变得更加自信。

☆四、正面评价，增强幼儿的信心☆

自信心是儿童发展的推动力。评价的科学合理，可以促进和提高孩子们学习积极性。现代心理学认为：学生只有在民主平等的教育氛围中，才能自由地思考探究，提出问题，发表意见，才有新的发现和创新。我们要本着素质教育的精神和"以幼儿发展为本"的思想，把评价核心放在建议性的指导的基础上，鼓励幼儿的创新思想和动手等多方面的能力上。对幼儿活动中的表现应

以鼓励、表扬等积极的评价为主，采用激励性的评语，尽量从正面加以引导。

在教学活动中，教师鼓励、表扬、赞赏的评价语言对幼儿具有非常有效的激励作用，老师的赞扬不仅能激发幼儿的学习兴趣，而且能让幼儿在不断受鼓励的情感体验中树立参与学习的信心。因此，教师要善于发现幼儿学习过程中的闪光点，给予夸奖。

如：在画“我眼中的幼儿园”活动中，平时不爱绘画的图图，拿着自己的作品，高兴地对老师说：

“老师，你看，这是我画的幼儿园。”图图画了歪歪斜斜的长方形，上面画了一面红旗，旁边有一棵树，旁边还有一些小圆球。

图图说这些就是他的好朋友们。虽然，这不是一张成功的作品，但图图参与活动的积极性比以前高了，他的思维是活跃的。

老师接过画看了看，对图图说：“图图今天真棒哟！画面中有这么多元素啊！”并俯下身，抱抱图图。在图图对绘画感兴趣的时候，老师适时加以启发：“图图能把房子上的窗户和门画出来吗？”

图图不好意思地对老师说：“我不会。”

老师鼓励他说：“没关系的，窗户可以有很多种形状，圆形、正方形、三角形都可以，还可以有很多种颜色呢！图图来画一个特别的窗户吧。”

在老师的鼓励下，图图绘画的信心增强了，参与活动的兴趣更高了。

☆五、用奖励激发幼儿的积极性☆

幼儿年龄很小，对成人的依附性使他们特别在意成人对他的行为的肯定和表扬，因此利用奖励的方法能够激发孩子参加活动的积极性。奖励有形体动作奖励、口头奖励和物质奖励等方法。

（一）形体奖励

形体奖励就是经常亲亲孩子，抱抱孩子，摸摸孩子的头，表示鼓励的手势，如举起大拇指等，从而起到激励作用。

（二）口头奖励

口头奖励就是伴随在活动过程中用语言肯定幼儿的行为。

如："你真棒！""你真不错！""你真能干！""你真聪明！"……

有一次午餐时，老师坐在小班幼儿的旁边，看见有的幼儿吃饭不积极，于是对几个吃得较快的孩子进行口头奖励：

"欢欢今天吃得真认真，还不挑食，真棒；可可也吃得很好。呀，我们大家吃得那么认真，大班、中班比不上我们了！"

小朋友听了老师的话，大口大口地吃起饭来，不再东张西望。但是需要注意的是，老师不要一味强调让孩子快吃，也不要强调争夺第一名，而是要强调让孩子认真吃。因为幼儿的咀嚼能力较

弱，不能用成人的吃饭要求来要求孩子。由于老师的口头奖励，激发了幼儿吃饭的积极性。

（三）物质奖励

物质奖励就是用一些小奖品奖励孩子刺激孩子，激发孩子的积极性。如，在集体活动中，一部分小朋友能专心听讲，积极举手发言，老师就及时表扬，伸出大拇指说：“你真棒！”并在他们的额头贴上五角星以示奖励。这种奖励方法，激发了其他幼儿参与活动的积极性，他们也想得到五角星，幼儿在这种情况下，产生了竞争意识，参与活动的积极性就会大大提高。

这三种奖励方法我们可以独立使用，也可以综合使用，每一种方法都是一种催化剂和外界助力，都能激励孩子积极地参与到活动中。

实践证明，每一个孩子都是一个独立的成长中的个体，他们既需要成人的帮助和引导，又存在自身内在的发展需要。所以，我们必须尊重幼儿自主成长的要求，为幼儿创设良好的学习环境，给他们提供更多的机会来表现自我，运用多种方式引导幼儿积极参与活动，从而使他们逐步成为一个独立、自主的人，成为一个健康、全面发展的人。

第五章

做好每一天的工作

每天，都要让孩子有一个阳光灿烂的好心情；每天，都要让孩子有一个温馨舒适的学习环境。孩子美好的一天，从老师的第一个微笑开始。

第一节 做好晨间接待工作

每天老师早早地来到幼儿园，第一件事情就是开窗通风，为了能让清新的空气流通，然后检查教室里是否有安全隐患存在，因为安全工作是老师的首要重任。如果校园再美，教育质量再好，要是出现了一些安全问题，那一切都是徒劳，所以，老师的重头工作首先从安全抓起。

早上，老师迎来了一群群小天使，为孩子做晨间检测，检查他们的精神面貌和身体状况，要重点检查孩子的指甲长不长，嗓子有没有红肿，眼睛有没有过多分泌物等等。然而晨间接待工作也非常重要，要提醒幼儿不能带危险品来园，主动跟小朋友、老师、阿姨打招呼，进行区域活动时要教育孩子有始有终地玩。

遇到个别情绪不稳定的孩子，要轻声询问、问明原因后把他们拉在身边，帮他们找好位置，让孩子能开心地到达游戏区域后才离开。

每天安排两个孩子做值日生，也就是和老师一起做晨间接待工作。孩子的任务就是向小朋友问好、微笑，给哭闹的孩子做一个榜样。老师也可以安排孩子做一些力所能及的事情，比如排排小椅子、拿拿书本什么的，孩子们开心地做着自己的工作，这样，晨间活动就有序地展开了。

如果有经常请假的孩子，老师应该把平时学习的内容发给其家长，有什么新的学习内容，也要在第一时间发给他们的家长，要让不经常来园的孩子能够快速融入集体，如果有学习新的内容，请假的宝宝也会学习到。

在晨间接待这个环节中，要特别强调教师的“礼仪”。从教师接待家长、幼儿的态度，教师的行为、语言等方面规定标准，要求教师微笑着接待家长、身体自然前倾、语调亲切平和、态度不卑不亢、严禁对家长有不礼貌的行为。老师要经常对家长说:“您好！”“谢谢您对我们工作的支持！”“孩子在这里，请您放心。”“您有什么要求请讲。”“您需要帮助吗？”同时要对幼儿经常说:“呀！欣欣来啦，老师都想你啦！”“你真棒！”“你是个好孩子！”“老师好喜欢你！”

任何人之间的信任基础，就是在这一点一滴的细节中建立起来的，所以，在入园接待的过程中一定不能忽视微笑和礼貌。家

长看见老师在晨间接待环节的精神面貌，也会对孩子在幼儿园的生活更加有信心。

第二节 与孩子一起按时出早操

早操是幼儿园孩子户外游戏活动的形式之一，不仅可以锻炼幼儿的身体，增强体质，呼吸到新鲜的空气，增加氧气的吸入，还可以陶冶幼儿的性情，塑造形体之美，培养孩子的团结意识。既然早操好处这么多，作为老师就要培养孩子喜欢做早操的习惯。同时，老师也要和孩子一起按时出早操，并观察孩子参与的积极性。

在天气寒冷的时候，很多家长怕孩子出去活动会受凉，所以

不太希望孩子出去。针对这样的家长，老师需要单独和家长交流，告诉家长做早操的好处，并告诉家长孩子出去活动时，老师会及时给孩子穿上外套，如果遇到空气不好，早操时间会取消，改成室内活动，让家长及时打消顾虑，尽全力得到家长的支持。

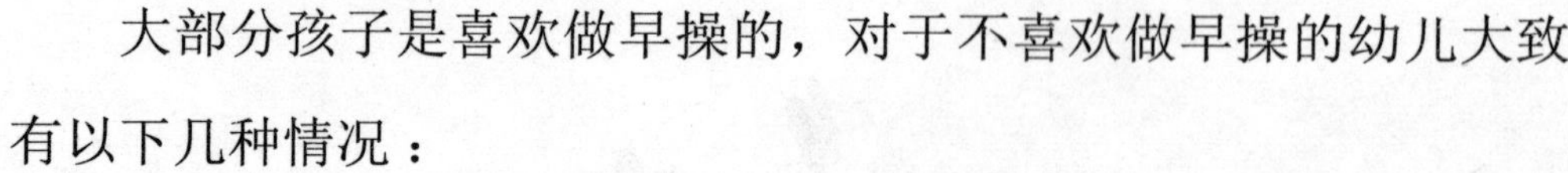

大部分孩子是喜欢做早操的，对于不喜欢做早操的幼儿大致有以下几种情况：

1. 有些幼儿比较懒于动手，做什么事情情绪都不高。对于这样的幼儿，要采取及时鼓励的方法，只要看到宝宝做动作了，就要及时鼓励：“呀，宝宝今天真棒，动作真优美！”必要时还可以给予物质奖励，比如给小贴纸、小红花等。

2. 还没有学会动作的幼儿。对于这样的幼儿，老师要付出更多的耐心，认真将动作分解，让孩子更好理解。同时在教宝宝动作的时候要不断鼓励宝宝，让宝宝重新建立自信心。

比如：“呀，欣欣的动作真优美，像一个花仙子。请问你是要去花丛中找你的小伙伴吗？看，大家都在操场上呢，欣欣也快去花丛中吧。”

老师巧妙地将操场说成花丛，不仅会降低孩子的戒备心理，还会让早操时间增加趣味性，会让孩子更容易融入进来。即使动作还没有学会，也会更有信心来展示自己。

3. 有些幼儿比较害羞，怕做得不好会被老师或者是同伴笑话，对于这样的幼儿，需要多加鼓励、表扬，让他产生自信。

比如：“乐乐，这个动作你做得是最标准的。老师发现每个

小朋友都有自己最擅长的动作，乐乐踢腿的时候像一只优雅的白天鹅！”

除此之外，还要积极争取家长的配合，请家长在家让宝宝做小老师来教爸爸妈妈做早操，家长反馈到幼儿园时，老师再表扬幼儿，给予一些奖励，这样就更加激起了幼儿做早操的兴趣。在摸索中前进，会不断探索好的方法，让每个幼儿都喜欢做早操。

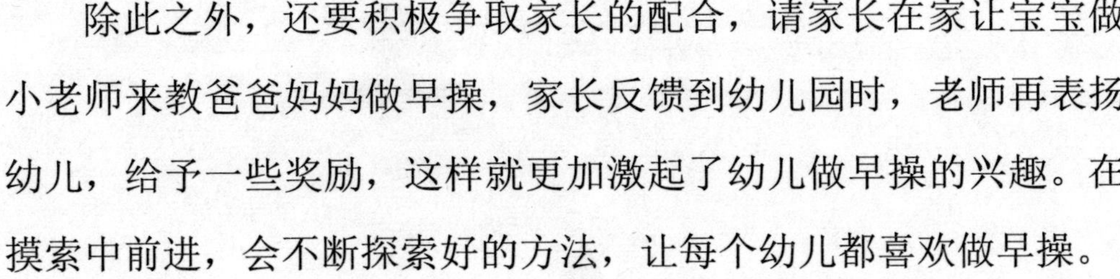

第三节　组织孩子每日进餐

著名教育学家陶行知指出："全部的课程包括全部的生活，一切课程都是生活，一切生活都是课程。"所以，教师在帮助孩子学习成长的过程中，也包括帮助孩子学会餐桌的礼仪。老师要挖掘幼儿一天活动中各环节资源，强调教学活动的整体性，适度把握生活环节。对于孩子来说，幼儿园一天的活动都是课程，而幼儿的一日三餐又是活动中的重要组成部分，因此，有目的地运用符合幼儿年龄段特点的方式方法，科学地组织幼儿用餐，不仅有助于培养幼儿养成良好的进餐习惯、生活学习习惯和基本能力，促进幼儿的身心和谐健康发展，也有助于班级良好常规的建立，幼儿方便，教师轻松。

幼儿在进餐过程中会出现的共性和个性习惯问题，要作为重点开展集体研讨活动，切实解决教师在日常进餐管理中的难题，促进教师相互交流及自我反思，提高教师的组织管理能力。

☆一、幼儿就餐前活动☆

（一）分组洗手，有序排队

每餐前的洗手是必不可少的程序，但是孩子总是很杂乱，没有秩序，老师总是要维护好幼儿的秩序。其实可以将一个班的幼儿分解，以组为单位进行。一名老师在教室看护好教室里的幼儿，另一名教师要注意幼儿上厕所的安全和幼儿洗手的情况。

从第一个孩子洗完手到最后一个孩子洗完手，中间有一段时间差，从洗完手到端起碗吃饭之间又有一段时间差，是幼儿消极等待比较多的环节，这时如教师组织不当，孩子刚刚洗完手又会不小心碰到玩具、墙面、桌椅之类，导致再次污染。所以，老师要针对怎样减少多数幼儿的无谓等待，来设计幼儿的餐前活动。

老师可以用不同的动物为名，对幼儿进行角色分组，每组5个小朋友。每一组小朋友排队洗手上厕所的时候，其他小朋友可以在原地看动画片。洗完手的小朋友按顺序取餐。没有了无谓等待时间，孩子洗干净的手也不会再次污染。中间穿插的音乐律动会定时更换，老师也可以用手指游戏为穿插，调动孩子的积极性。孩子玩得开心，教师组织轻松，环节过渡也就不再是一个难题了。

（二）快乐轻松的就餐环境

良好的进餐环境有利于孩子促进消化腺的分泌，激起用餐食欲，对幼儿身体的健康发展产生好的影响，同时体验集体生活的快乐，有利于幼儿积极适应社会。让幼儿在良好和愉悦的情绪下进餐是餐前安静活动的主要目的，因此老师要努力为幼儿进餐前创造温馨、宽松的环境。主要的方法是开展餐前播报活动。

老师可以每天收集关于食物营养的信息，在就餐前让孩子想想食物都像什么，会是什么味道。

比如："小朋友，今天我看见食堂里面有花椰菜。"

说着，拿出一张花椰菜的卡片。

"我看着这个花椰菜，感觉它长得好像棉花糖，会不会是甜的呢？那大家看一看老师手中的这些卡片，统统都是我们等一会要吃的食物，阿姨已经帮助大家切成小碎块了。不知道小朋友们等一会能不能猜出自己吃的是什么？但是一定要记住食物的味道，吃完饭以后来给老师讲一讲好吗？"

在餐前给孩子看色彩艳丽的图片，加上教师生动的描述，不仅让幼儿了解每种菜对自己的身体生长有什 tc 么好处，还营造了孩子想吃、乐吃、爱吃的心理氛围，当保育员把饭菜端到班上时，用饭菜的香味再次调动孩子们的食欲。

☆二、幼儿就餐过程中的细节把握☆

幼儿在就餐的过程中会有很多问题出现，有的孩子不会自己吃饭，有的孩子挑食，有的孩子喜欢东张西望，吃饭不认真。这些都要老师来一一指导，培养孩子正确的就餐习惯。

（一）把握好幼儿的就餐时间

专家指出，就餐时间过少或过多，都会影响到孩子营养素的合理摄取。儿童保育专家主张，从小培养孩子良好的饮食卫生习惯，幼儿每次就餐所用时间在 30 ～ 40 分钟为宜。因此，班级教师和保育员针对吃饭过快的幼儿，要及时提醒其细嚼慢咽，不要光顾着吃得很快，老师要表扬的是吃饭认真的小朋友，而不是吃饭快的小朋友。对幼儿进餐环节中出现的边吃边玩、东张西望，把饭含在嘴巴里不肯吞下去的现象，要找出具体原因。因为，每一个孩子不爱吃饭的原因都不同，有的是身体不舒服，有的是因

为不饿，但是更多的小朋友是在家里就没有养成很好用餐的习惯。教师尝试午餐中多出来的水果、点心奖励有进步的孩子，或用餐后活动来吸引孩子尽量好好吃。如果幼儿不爱吃饭且神情倦怠，老师要及时给幼儿量体温，看孩子是否身体不舒服。而长期的训练目标是让幼儿逐步自觉调整用餐时间。

老师也可以将用餐习惯编成小儿歌的形式让孩子随时能够记起用餐礼仪。

小朋友，坐坐好，一手拿碗一手勺。
不东张，不西望，认真吃饭我最棒。
轻轻盛起一口饭，下面要用碗接住。
小小饭粒不乱扔，吃饭用餐我最棒！

（二）规范幼儿端饭线路

幼儿在进餐过程中总有个令老师头疼的问题，那就是不安全因素，尽管幼儿也是很有序地按顺序进行，免不了还是有因端饭引起泼洒或碰撞，老师需要每天强调注意安全，但是孩子们天性好动，并不是故意捣乱，而且孩子的注意力比较单一，没办法同时兼顾太多方向，所以还是需要老师来帮助。

老师可以经过观察和摸索，找到其中的窍门，如果所有的幼儿能都围绕在固定的线路上（如逆时针从后到前）行走，那就不会出现交叉现象，就能避免人为的碰撞。于是，老师可统一规范幼儿分组端饭的线路，每组由组长带队，按固定的顺序进行。无论哪个幼儿当组长，位置怎么调整都不会影响线路，让每个孩子能很快明白坐在哪个位置该怎么走。刚开始几天需要老师不断地强调提醒，慢慢就好了。这不是对幼儿的限制，而是一个培养幼儿规则意识的极好环节。

（三）关注幼儿的进餐心理健康

现代“健康”已不仅仅是传统上认为的身体健壮、发育正常了，幼儿的健康还包括心理健康，它涉及认识、情绪、情感、个性等多方面。幼儿园要保证孩子的健康发展，教师不仅对幼儿身体发育加以照顾，还要对幼儿心理加以保护。幼儿在就餐时的心情，不仅关系到孩子的身体健康，还关系到幼儿长期的心理发展，所以在组织幼儿进餐时，老师一定要注意孩子的心情。

在幼儿进食中，常常听到这样善意的提醒：“好好吃，别说话。”“不要把米粒撒在桌上。”老师这些严肃的话会使原本愉快的进食环境顿时严肃起来。虽然在人们的传统观念中普遍认为吃饭不说话是一种美德，有利于健康，但是从生理特点来看，当人的情绪低落时，消化腺受到抑制，就会没有食欲。教师催促吃得慢的幼儿，以及有关规则，会导致孩子的神经处于紧张状态，不仅会影响孩子的食欲，还可能引起幼儿情绪的反感、紧张，造成厌食、畏食。

芝加哥大学心理学家齐克森·默海的研究证实了这一点，并认为在饮食中交谈，人们会心情愉快、思维活跃、富于创造性联想。给幼儿适度的自由说话的权利，不仅体现了对幼儿的尊重，也体现了教育的开放性。不过，给幼儿一个宽松的就餐环境不等于放任自流，教师必须明白何时何事需要维持纪律，要有一个规则的底线。在进餐活动中，幼儿可以相互交流或自言自语，但不能影响其他小朋友或破坏进食活动，也不可以大声喧哗，不可以敲桌子敲碗。这些餐桌礼仪需要老师在就餐之前用故事的形式讲给小朋友听，而不是像宣读吃饭规则。无论要对幼儿说什么事情，都要以故事的形式，这样才能让孩子快乐地接受。在日常生活中，有些小孩喜欢干扰别的幼儿吃饭，这时老师就要维持纪律，让幼儿了解纪律的重要性，自觉遵守纪律，并逐步学会自控，使幼儿身心和谐发展。

（四）良好就餐习惯的养成

养成良好的习惯是幼儿园生活教育的重要目标。在现代生活一般都比较优越的情况下，许多幼儿形成了吃饭挑剔、边吃边玩等不良饮食习惯，严重影响了孩子的就餐卫生，同时也会影响其营养的消化吸收。幼儿期是孩子生长发育的关键期，而摄取丰富的营养是健康发育保证。如何让美味的饭菜吃进孩子们的肚子里，成了幼儿园教研的重要内容。

1. 故事引导法

利用幼儿喜欢听故事、喜欢被表扬的特点，用集体的氛围感染大家，为小朋友们树立一个榜样的形象。请吃饭干净整洁、动手能力强的幼儿示范吃饭样子给大家看，让幼儿明白自己动手吃饭是件很容易的事情，从而让依赖性强的幼儿开始自己动手吃饭。也用讲故事的形式，让小朋友知道吃饭的礼仪和需要注意的事项。

2. 座位调整法

老师可以将吃饭特别慢或特别不认真的小朋友，和吃饭特别乖的小朋友坐在一起，这样，他们看到自己周围的朋友吃得这么香，受到感染和鼓舞，渐渐也吃得好了。另外，利用幼儿不服输的个性，平时吃饭时看哪组表现得好从而给予更多奖励，依靠集体的力量帮助小朋友们养成良好进餐习惯。通过比赛，幼儿懂得合作的重要性，增加了孩子的自律性。

3. 逐渐加量法

有些幼儿从小就不吃某种食物，比如青椒、葱花、青菜等。因此要突然改变孩子的饮食习惯是不太可能的，也是不太现实的。对这类幼儿，老师应该采用“逐渐加量”的方法。从一点点开始，慢慢地逐渐适应，让幼儿不感到很难受。每次孩子吃一点就要给予孩子鼓励，并表扬他不挑食，让其他小朋友向其学习。同时老师也要建议家长在家中也适当安排一些这样的食物，让孩子逐渐适应食物的口感。

4. 奖惩结合法

对偏食、剩饭、撒饭的幼儿哪怕是一点点进步，老师都要及时给予鼓励，发给孩子一颗进步星、小红花等，调动孩子的积极性。

不过对于吃饭时边吃边玩、不讲卫生、饭粒掉满地、屡教不改的孩子，老师要适时给予一定的惩罚，如：当天不评给小红花等代表优秀的标志，从而让孩子约束自己。当小朋友每天稍有一点进步时马上给予表扬，多奖一颗进步星，让他更有信心应对吃饭这件事。

（五）公平对待每一名幼儿

老师和保育员在分饭时，一定要做到统筹全局，公平对待。这里的公平不是说所有的孩子吃得一样多，而是要根据每名幼儿的饭量添加适量饭菜，保证每个幼儿都能吃好。

保育员在第一次分饭时，胃口差的孩子，盛的饭不能太多，否则会使他养成剩饭的习惯。反之，则可使孩子从自己独立吃完饭菜中体会成功的喜悦，养成良好的就餐习惯。

老师应注意到每个幼儿的进餐情况，包括速度和食量等。不能催促幼儿，但要提醒他们时间，不能给幼儿养成偏食的习惯，即使不爱吃也不能不吃。

☆三、幼儿就餐的餐后组织☆

让孩子吃完饭后自己端餐盘放到指定的地方、洗手，都是一个良好的用餐习惯的培养，所以老师要加强对孩子自立能力的锻炼。

（一）幼儿餐后习惯的指导

幼儿餐后的习惯同样也需培养和养成，这也是一项重要的进餐礼仪。内容主要有：引导幼儿将自己碗里吃干净，饭后漱口后用毛巾擦嘴，将自己的碗、勺子或筷子、毛巾轻轻地放入固定的容器里。毛巾的使用和漱口都有一定的要求。因为幼儿进餐的速度不一，教师既要照顾进餐的幼儿，还要照顾用餐后的幼儿。

（二）餐后活动的组织

幼儿餐后需要一些安静活动，这个时间段也成了幼儿自由选择游戏的时间。

幼儿根据意愿选择如看图书、橡皮泥、搭积木、画日记、小组游戏等各种小活动，教师积极为幼儿创造一个与同伴融洽交往、师幼积极互动的场所，使幼儿在语言能力、知识经验、人际交往等方面有所发展。

习惯的养成，需要教师和幼儿持之以恒的努力。在幼儿园的生活中蕴含着取之不尽的教育资源，学习可以说是随时随地发生着，教师要善于把握教育的契机，把幼儿的学习渗透于幼儿园生活各环节之中。总而言之，幼儿园教师要不断深入学习，逐步转变观念，重视幼儿园各生活活动环节，不仅仅是进餐环节，进一步研讨各环节的细节组织，逐渐形成相应的常规，促进幼儿良好生活习惯的养成。

第四节 教育孩子懂得如厕要求

很多孩子在三岁之前会经常尿裤子，老师一定不要批评孩子，以免孩子形成心理压力，形成排便困难。有的孩子不肯在幼儿园排大便，老师则要给予孩子鼓励，减轻孩子入厕的心理负担，让孩子能够在一个轻松愉快的环境如厕。

（一）教学目标

1. 让孩子学习自己入厕，尽可能不尿湿裤子。

2. 让孩子知道当厕所人多时不要争抢。

3. 在户外运动过程中有尿，应该提前和老师说。

4. 上课时有尿要举手示意。

（二）教学准备

布娃娃

（三）教学过程

1. 老师讲故事。

教师和幼儿共同欣赏故事《布娃娃尿湿了》，教师出示布娃娃，给孩子们讲述一个尿裤子的故事。

花花是一个美丽的布娃娃，在所有的玩具中，花花就像一个可爱的小公主，大家都很喜欢她。这一天，花花在陪小朋友做游戏，大家实在太开心了，花花一点都不想浪费时间，她甚至不想吃饭、不想睡觉、不想上厕所……咦？说到不想上厕所啊，其实花花有点想小便。但是为了不浪费快乐的时光，花花决定再和小朋友玩一会就去厕所。可是没想到，花花没忍住，尿了裤子。

花花很难为情，不好意思地低下了头。她以为，这下小朋友一定不喜欢自己了，那些玩具小火车、小小熊一定会来嘲笑自己的。

没想到，小朋友们更关心的是花花穿着湿裤子会不会不舒服。玩具小熊还要将自己的小裙子借给花花穿。花花非常感动，在小朋友们的帮助下，花花换上了干净的裙子。老师还帮助花花将尿湿的裤子洗干净了。

花花以为老师一定会批评自己，可是老师并没有批评花花，而是告诉花花："老师知道花花不是故意尿裤子的，而是没和小

朋友玩够呢。但是憋尿对身体是不好的，以后花花只要有尿了，就要立刻去厕所，好不好？”

花花答应了老师的要求，小朋友们也都纷纷向老师保证，有尿一定要提前和老师说。

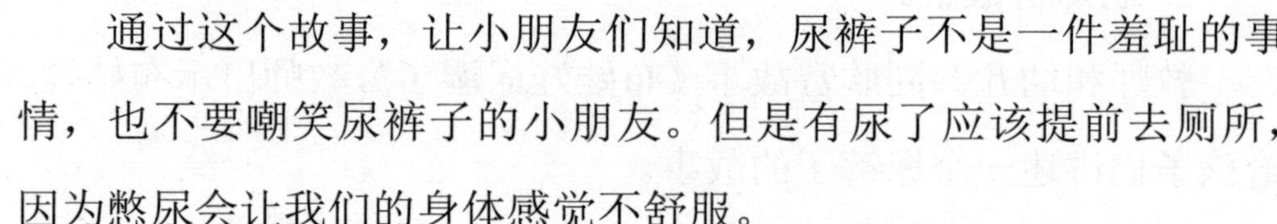

通过这个故事，让小朋友们知道，尿裤子不是一件羞耻的事情，也不要嘲笑尿裤子的小朋友。但是有尿了应该提前去厕所，因为憋尿会让我们的身体感觉不舒服。

2. 带领幼儿区分男厕所和女厕所。

教师带领幼儿参观本班活动室的厕所，让幼儿知道厕所是大小便的地方。同时让孩子能识别男厕所和女厕所的位置。分清小便池，让孩子知道男孩、女孩小便的方法是不一样的。

3. 分别教男孩子和女孩子上厕所。

老师在教男孩子上厕所的时候，要和孩子讨论：怎样上厕所才不会将小便弄到便池外？告诉幼儿不要离便池太近，以免弄脏裤子。穿有拉练的裤子小便，要小心不要损伤皮肤。

老师在教女孩子上厕所的时候，同样要让孩子注意，不要让小便弄湿裤子，并小心不要掉进便池里。同时，还要让孩子注意，厕所地面有时候会有水，所以进入厕所一定要慢慢走，小心滑倒。

4. 如厕的注意事宜 。

孩子在幼儿园如厕的过程中会遇到很多问题，老师可以分类别让大家讨论。比如在活动室想小便时应该举手示意老师，在老师的陪同下去厕所。玩游戏时想小便要提前和老师说，因为有时

厕所离活动区较远，要避免尿裤子。吃饭时前应该先小便，如果在吃饭的过程中想小便应该先举手，小便后认真洗手。

大家集体上厕所的时候要排队，不能推挤。如果小便很急时，可与其他幼儿协商，让自己先用厕所。

第五节　开展安全户外活动

户外活动的目的是为了促进幼儿生长教育，增强幼儿体质。幼儿在户外进行体育活动，不仅能有效地锻炼身体，而且能更多直接接收阳光、新鲜空气，这对于幼儿骨骼的发育以及呼吸系统、神经系统的健康尤为重要。《幼儿园教育指导纲要（试行）》中明确指出：“幼儿园要开展丰富多彩的户外游戏和体育活动，培养幼儿参加体育活动的兴趣和习惯，增强体质，提高对环境的适应能力，并保证幼儿每天有适当的自主选择和自由活动时间。”那么，作为一名幼教工作者，应如何更加有效地开展户外活动呢？

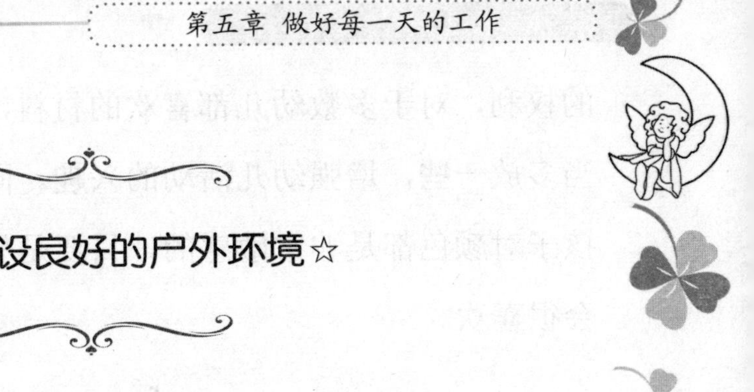

☆一、创设良好的户外环境☆

良好的户外环境能激发幼儿的活动欲望。积极为孩子创设良好的活动环境，如草坪、操场、小植物园、室外游乐场地、沙池、戏水池等，以及大型运动器械和多功能大型玩具。幼儿园户外场地应该环境优美、布局合理、内容丰富、色彩协调，最重要的是安全环保，适合幼儿的兴趣和需要，让孩子感到舒适、愉快。有了这样良好的户外环境，就能激发起幼儿的活动欲望。

☆二、提供多样的活动器材☆

新颖、独特的活动器材能促使幼儿积极、主动地投入活动中。幼儿园除了提供购置的一些体育器械外，还可以创造性地制作一些可供幼儿进行各种动作练习的用废旧材料制成的玩具，如：零头布缝制的沙袋；毛线编织成的软飞盘、流星球；矿泉水瓶做的沙锤；废旧轮胎做的大滚轮；灌水的气球等等。经常变换这些材料，可以保证幼儿参与的兴趣。选择游戏材料时，要给幼儿自由选择

的权利，对于多数幼儿都喜欢的材料，教师在投放的数量上要适当多放一些，增强幼儿活动的兴趣。同时要注意颜色鲜艳，因为孩子对颜色都是非常敏感的，只要是颜色鲜艳的玩具，孩子们都会很喜欢。

☆三、开展丰富多彩的体育活动☆

在选择和设计活动内容时，教师要充分考虑幼儿的年龄特点，选择既适合幼儿动作发展水平，又是幼儿感兴趣的活动。要保证活动的趣味性及实效性，使幼儿在有情节有趣味多样化的活动中得到身体上的锻炼。

户外活动可以穿插一些小游戏，如“跳图形”“跳数字”“踢毽子”等，可发展幼儿手、脚动作灵活、协调能力。一物多玩也是幼儿很感兴趣的活动，比如把绳子围成各种图形可以跳图形；摆成两条平行线可当作独木桥在中间走，当作小沟来跨跳；拿在手里可以跳绳、跳高、拔河，多种玩法交替进行，增强幼儿的想象力和创造力。

☆四、关注幼儿的活动需求☆

（一）提高孩子对运动的兴趣

教师在指导幼儿活动时，既要了解孩子的运动能力，又要抓住孩子的兴趣。依据幼儿运动特点，可以丰富游戏内容。例如：在跳跃区提供多种材料，引导幼儿尝试多种跳跃活动。提供色彩鲜艳的小皮球、海洋球、乒乓球等，也可以有不同宽度的跳房子的格线。老师可以用纸板做成荷叶的形状，让孩子们扮演小青蛙，来锻炼孩子跳跃的能力。为使幼儿动作更加准确，还可以丰富投掷区游戏内容，用胶卷盒与塑料绳自制的报纸球，玩“打保龄球”的投掷游戏等等，这些活动能增强幼儿动作的准确性。

（二）根据幼儿个性特点设计活动

在户外区域活动中可以观察到，不同孩子个性是不同的。有活泼外向的、有胆小内敛的，面对不同的孩子老师要给予不同的支持。胆小的孩子面对一个新的，又想去玩的区域犹豫不决时，指导该区域的教师要从情感上让孩子体验到接纳与安全，首先要主动向他问好，并询问孩子想玩什么游戏，告诉孩子玩法，并和孩子一起玩。如果游戏难度太大，可以适当降低活动难度，并鼓

励幼儿大胆尝试。

对于勇敢的、动作发展良好的孩子，教育的重点在于指导其探索游戏活动、运动器材的多种玩法，使幼儿的活动更具有创意，并让孩子的身体动作得到进一步发展。

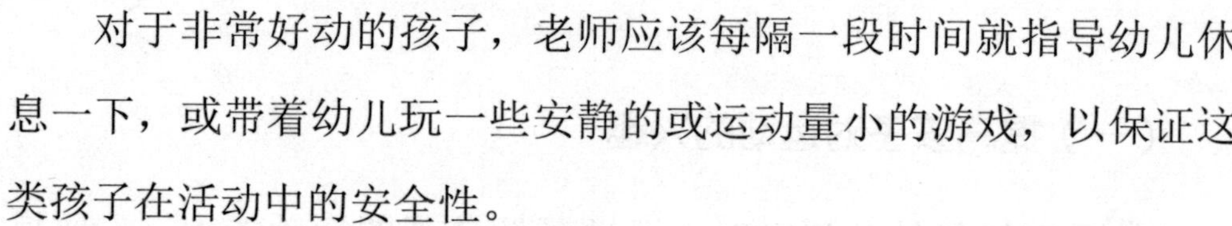

对于非常好动的孩子，老师应该每隔一段时间就指导幼儿休息一下，或带着幼儿玩一些安静的或运动量小的游戏，以保证这类孩子在活动中的安全性。

（三）关注孩子的游戏进程

当孩子对活动的兴趣开始降低时，教师可以加大活动难度，使活动既有连续性，又富有挑战性。如在攀爬区，当孩子已学会匍匐爬、侧钻、攀岩等动作时，就会逐渐地失去这一区域的兴趣。这时老师可以提供垫子，增加侧滚动作，也可以提供攀绳增加爬的难度。游戏内容的丰富和动作的挑战可以使孩子保持浓厚的兴趣。

户外活动是一日活动的重要组成部分。创设良好的户外活动环境、合理使用户外活动材料、有效的指导户外活动，都能优化户外活动的细节，使幼儿的身心按其规律发展。

第六节 组织有趣的课间活动

很多资料都要求教师经常为孩子组织有趣的活动，但是究竟怎样组织有趣的活动，什么样的活动才能引起孩子的兴趣呢？这是值得我们思考的问题。

教学实操：有趣的“影子”

现实生活中包含了大量的科学信息，幼儿无时无刻不在和它们打交道。老师应该将科学教育有意无意地渗透在活动中，给幼儿形成简单的随机运用数学的意识。但一提到科学，往往会想到都是一些比较理性的知识。如何使幼儿有探索学习的兴趣呢？老

师可以尝试将游戏与教学、科学有机地结合，并通过不停追问，引导幼儿积极思考探究，不断维持幼儿的学习兴趣。

（一）猜谜语

小朋友们，老师有一个有趣的谜语，看看大家知不知道答案：我有一个好朋友，我到哪，它到哪，我走它也走，我停它也停，紧紧跟在我身边，猜猜它是谁？

小朋友有的说是小猫，有的回答说是小狗。

“到底是谁呢？”

老师一边说一边走到有阳光的地方，幼儿看到了老师身后的影子。

“是影子、是影子！答案是影子！”幼儿们大声说。

好奇心是人的天性，幼儿对事物都有很大的好奇和兴趣，但这种好奇心是对事物的直接兴趣，往往也是无意识的。科学教育应密切联系幼儿的实际生活，老师应该利用身边的事物与现象作为科学探索的对象，使幼儿不仅对周围的事物、现象感兴趣，而且有好奇心和求知欲，通过满足孩子的好奇心充分调动起孩子学习的兴趣。

影子虽然常伴随着我们，但日常生活中幼儿并没有在意到它的存在，老师采用猜谜的方法引起了幼儿对影子的好奇，从而产生认识的兴趣。

（二）探索“影子在哪里”

老师可以带领孩子到操场上去，观察自己的影子，并教会孩子一些简单的手影。同时告诉小朋友，黑夜就是地球的影子，让大家充满对影子的好奇心，同时也能减少幼儿对黑夜的恐惧心理。

幼儿的科学教育是科学启蒙教育，重在激发幼儿的认识兴趣和探究欲望。活动中老师应该不断追问，促使幼儿有意识地关注自己身边影子的位置，在老师的帮助下，学习运用方位词来表述影子的位置

（三）探索“影子什么样”

老师：“小朋友们，现在大家找个朋友站在一起，比一比、看一看你们的影子，你发现了什么？”

幼儿：“老师的影子大。我的影子也扎着小辫儿。我们的样子都是黑色的。影子没有眼睛……”

老师：“那你的影子会变吗？怎么变的？”

幼儿：“我站起来的时候影子长，蹲下去的时候影子短。”

……

通过这些有趣的问题，可以让幼儿发现更多有趣的现象，从而增强好奇心和求知欲。影子是人人身边都有的，未必人人都能发现它的存在和它的奥秘和趣味，老师创造条件让幼儿参加这种探究活动，让孩子们感受科学探究的过程和方法，能体验更多的乐趣。

（四）探索“影子会排队吗”

老师：“你们会让影子排队吗？”幼儿排成一排。

老师：“先来数数我们有多少小朋友，再数数影子有多少？每数到谁时，谁就大声地说出‘这是我的影子’。”

幼儿：“我们有18人，影子是也有18个。”“影子和我们一样多。”

老师：“这些影子都一样吗？”

幼儿：“不一样。”

老师：“怎么不一样？”

幼儿：“有的长，有的短，有的大，有的小……”

老师引导幼儿自然地在游戏中运用简单的数学方法（排序、对应、点数、比较等）解决科学探究活动，从而在游戏中感受事物的数量关系，并体验到数学的重要和有趣。

（五）探索“影子藏哪里？”

老师：“小朋友们，我们的影子始终在我们身边，那么你有什么方法将自己的影子藏起来？”

有的小朋友迅速地躲在了花丛的荫凉处；有的小朋友躲在了屋檐下；还有的竟然趴在地上，也有的小朋友藏在了老师的身后。

老师：“小朋友们，大家刚才把影子藏在了哪里？”

无论幼儿的答案有多么荒唐，老师都不要急着否定孩子。因为孩子还不能区分什么是科学知识，什么是自己的想象。只要让

孩子明白影子的原理，并保持对科学知识探索的热情就可以。

让孩子用自己丰富的想象力解释一科学现象，是可以允许。老师应该用包容、理解、接纳的态度面对幼儿五花八门的回答。让每个幼儿都有机会参与尝试，支持、鼓励他们大胆提出问题。在孩子的科学活动中，科学知识本身并不是最重要的，而亲历科学过程的体验和科学态度，才是更值得关注的。教师应支持幼儿自己的认识和想法，并帮助幼儿认识到每个人都有自己的独特认识，应相互理解、尊重和接纳。

第七节 加强对孩子午睡的护理工作

小班幼儿的午睡一直以来都是教师护理的棘手问题。到了秋冬季节，老师不仅要帮助孩子脱衣服，幼儿起床后，还要帮助孩子们穿衣、穿鞋、梳头、整理。因此，老师要重视研究，有条不紊地做好幼儿午睡管理工作，并加强孩子的自理能力锻炼。

其中小班幼儿的午睡护理是最重要的。小班幼儿自理能力较差，又是刚入园，入睡比较困难，需要分睡前准备、午睡护理和起床管理来加强管理。

一、幼儿午睡前的准备

（一）午睡室的空气和温度

幼儿午睡前要注意午睡室的通风，而午睡室的温度是在幼儿午睡前半小时来调节的，比如关窗、关门，有条件的幼儿园可以开空调，调节室温。有经验的老师早晨来园的第一件事就是开窗、开门进行通风。幼儿体温调节能力较差，所以室内温度掌控非常重要。一个温度适宜的午睡环境更能促进幼儿的睡眠。

（二）午睡前要先小便

老师应该让幼儿养成午睡前先小便的习惯，这能确保幼儿的睡眠质量。上床前让孩子学习整理衣物和鞋子。要将鞋子整齐地摆在床头，并将袜子放在鞋子里面，以免起床后找不到。老师可以借助儿歌来教幼儿。

1. 叠衣服：小衣服，躺下来，袖子袖子好朋友，领子领子弯弯腰。

2. 叠裤子：裤腿靠裤腿，中间对对折。

简单易懂的儿歌，能让幼儿学会折叠衣服的要领，也能增强孩子自己动手的兴趣。

（三）创设情境，让幼儿轻松入睡

在帮助幼儿整理好被褥后，教师可以用轻柔的声音为幼儿讲述 1 ～ 2 个睡前小故事，或播放轻音乐，让幼儿在轻松、愉悦的情绪中入睡。当然，教师要注意选材，不能让幼儿情绪高涨，反而难以入睡。

二、午睡护理

幼儿在午睡的过程中容易闷热出汗，老师一定要做好午睡的护理，不能掉以轻心。要防止幼儿因睡姿不正确导致窒息，夏天还要避免幼儿被蚊虫叮咬。具体操作应该注意以下几点：

1. 午睡室的空气及时更新。在幼儿睡下半小时后，教师应该将午睡室的门或窗开个小缝缝，换换气。如果是夏、秋天可以长时间地开一点。但不可以全开，一方面光线会影响幼儿的睡眠，另一方面，幼儿吸入冷风会容易着凉。

2. 关注幼儿的冷暖和睡姿。教师或保育员要定时在午睡室里巡视，关注幼儿的冷暖和睡姿。特别是在春秋季节，幼儿的被子很难掌控，有的幼儿带的是薄被子，有的幼儿盖的是厚被子。细心的教师和保育员会发现，盖得严严实实的幼儿一会儿就会满头大汗。所以，这就要教师或保育员要根据幼儿情况和天气来帮幼儿盖被。

三、起床后的管理

1. 帮助不会穿衣服的宝宝穿衣服。老师可以让孩子们自己尝试，然后再帮助孩子穿上。午睡后还要帮助女孩整理头发。老师在帮助孩子整理头发的时候手一定要非常温柔，以免弄疼孩子，让孩子对梳头发产生阴影。

2. 幼儿起床后，老师要提醒幼儿小便、喝水。

3. 午睡室的通风、消毒，被褥的折叠。幼儿起床后教师要将午睡室的门窗都打开，让室内和室外的空气充分产生对流，使午睡室的空气清新。另外，幼儿的被褥不要立即折叠，因为幼儿睡午觉容易出汗，被褥和小枕头里的热气透不出来，长此以往，被褥和枕头摸起来会有湿润的感觉。如果总是阴雨天，教师离园时还要记得午睡室用电子灭菌灯对空气和被褥进行消毒。此时，应该把幼儿被褥睡的一面朝外，让紫外线充分射到，起到消毒效果。

小班的孩子都是刚从家庭走出来的，他们看起来显得格外地稚嫩。要让他们能健康、快乐地成长，老师不仅要无微不至地照顾，更要有科学合理的方法。为了幼儿的成长，为了家长的放心，创新和提升服务质量是老师保健工作永远的方向。

第八节 做好离园接待工作

孩子离园的过程，是老师和家长沟通交流的时间。老师要向家长说明孩子在幼儿园的基本情况，比如晚饭吃多少，有没有排大便，有没有出现情绪不稳定的情况等等。

在离园活动环节中，老师要强调“看”。在孩子离园前，一看孩子的衣服整齐不整齐，小手、小脸是否干净，鞋带有没有系好；二看孩子的精神面貌如何，心情好不好；三看家长交代的事情是否完成。

一、幼儿离园前重点强调

1. 离园前，幼儿应该把玩具、材料、椅子收放整齐，并归位，

整理好活动环境。

2. 离园前，幼儿应该整理自己的仪表，带好自己的物品，不是自己的东西不拿。

3. 离园前，幼儿应主动向老师、小朋友及其他家长道别。

4. 小朋友不可以独自离开幼儿园，不跟陌生人走。

二、教师离园工作重点

1. 有计划地组织、指导等待离园幼儿到有关的区域活动。

2. 检查幼儿仪表是否整洁，提醒幼儿带好回家的物品。

3. 提醒幼儿回家途中的注意事项，进行安全、饮食教育。

4. 高度负责，把每一个幼儿安全地交给认识的家长。

5. 如果是冬天，室内外温差较大，要注意不要给等待离园的孩子穿太多，以免孩子在等待的过程中出汗，出门容易着凉。

6. 幼儿离园后，老师要做好活动室物品、材料的整理，检查门窗是否关好、电源是否关掉等。

孩子在幼儿园里生活学习了一天，要回家了，教师充满深情和孩子告别，会让孩子体会到更多的关爱，也能让家长感受到老师对孩子照顾的细微、周到。

结语

教师是人类灵魂的工程师，他担负着培养人才的重任。幼儿教师是承担幼儿教育的主体实施者，是教育事业直接传播者和执行者。

幼儿教师要想不断成长和进步，就要不断借鉴最新的科学教学教育方法，用知识武装好自己。

《幼儿教师上岗培训读本》是一本幼儿园教师教育教学的实操教程，它涵盖了从事幼儿教育实践过程中涉及的一些主要问题，本书以实用的内容、简洁的表达和适宜的职业要求帮助新手教师掌握迅速在新的工作环境中生存的技巧和方式。

幼儿园是一个集体，教师、保育员、后勤工作人员通力合作才能完成各项工作。为此，新教师应使自己尽快融入幼儿园这个大家庭中。只有热爱幼儿、热爱教育事业，才能成为一名合格而优秀的幼儿教师，才能给幼儿的成长带来无限的正能量。